ABSOLUTE LEADERSHIP

흥미로운 사례를 통해서 본

이종구 지음

앱솔류트 리더십

三 英 社

P/R/E/F/A/C/E

후대 사람들에게 무엇인가 가치있는 관점을 전해주어야 한다는 인식이 일종의 강박관념과 자연스런 욕구로 작용하여, 그간 관심을 가져왔던 리더십 분야에 대한 연구를 정리해 보게 되었다.

리더십을 연구하면서 느끼는 바는 리더십에 있어서 고정불변의 원칙은 없다는 것이다. 즉 '리더십은 백인백색'이라는 표현이 좀더 적절하다고 할 수 있다. 개개인의 타고난 성격과 취향, 가치관이 모두 다르기 때문에, 각 개인이 발휘하는 리더십은 결과적으로 같은 성과를 가져왔다 하더라도 각론으로 들어가면, 이러한 리더십의 수행과정은 모두 다를 수밖에 없다는 것이다.

필자는 36년간 군조직에서의 근무경험을 통해 리더십에 대한 나름의 관념적인 틀을 형성하였고, 이는 자연스럽게 사생관, 인생관, 가치관과 어우러져 리더십에 대한 하나의 관점이 만들어졌다.

본서에서는 역사상 특별한 기록으로 남겨졌던 군사분야 및 이와 직·간접적으로 관련된 주요 사건에서 작동되던 리더십의 메커니즘을 관찰해 보고, 그 사건에서 얻을 수 있는 교훈들을 정리해 놓았다.

리더십은 위대한 한 사람의 리더에 의한 리더십만을 의미하지는 않는다. 현대사회는 문명의 급격한 발전으로 리더십에 새로운 접근이 요구되고 있고, 리더십을 바라보는 관점도 시대에 맞는 새로운 패러다임이 필요하게 되었다. 종래의 리더십이 전제적·수직적인 특징이 강했던 반면, 현대사회에서는 집단의 의사결정에 의해 훌륭한 결과를 얻은 '조직 리더십', 추종자의 성장을 도우며 팀워크와 공동체를 형성하는 '서번트 리더십', 지도자의 일방적인 지시·명령·보상 등에 의해 발휘되는 전통적인 리더십보다 자기 스스로 성취목표를 설정하여 자신을 리더로 추대하는 '셀프 리더십', 이러한 구성원들의 셀프 리더십을 개발하여 셀프 리더로 만들어주는 '슈퍼 리더십', 구성원들에 대해 계속적인 격려, 지원, 강화를 통해 구성원들의 우수성을 이끌어 낼 수 있도록 하는 '피그말리온 리더십' 등 다양한 형태의 리더십이 주를 이루고 있다.

본서에서 리더십의 예로 선정된 사례들은 대부분 책이나 통신매체를 통해 일반에게 익히 알려져 있는 내용이지만, 개별 사례들의 이면에 감추어진 내용들을 음미하고, 행간에서 보다 깊이 있는 의미를 찾아낸다는 심정으로 관찰하여, 리더십의 교훈을 찾아내려 노력했다.

다만 필자의 언급이나 주장이 학문이나 이론상 변함없는 진리라든지, 리더십에 대해 필자보다 훨씬 높은 수준의 전문적인 연구를 해온 선지자의 이론을 조금이라도 훼손해서는 안된다는 생각으로 조심스럽게 접근을 하였다.

본서를 기술해 가면서 느낀 바는, 일반적으로 리더십을 설명해주는 사례들은 많지만 하나의 사건, 사례를 들추어 내어 그 내면에 숨겨져 있는 리더십의 핵심요소들을 꺼내어 살펴보면 의외로 우리에게 많은 교훈을 주고 있다는 것이다.

문장이 다소 부족하거나 수치의 오차가 있는 부분이 있더라도 너그러운 양해를 부탁드린다.

2016년 11월, 서울

저자 **이 종 구**

C/O/N/T/E/N/T/S

C/O/N/T/E/N/T/S

• 1 •

위기에서 빛난 리더십

나는 조직에 대한 충성을 대단히 강조한다.
그러나 그 충성의 의미에는 조직내에서 나와 다른 의견을 가지고 있는 부하들을 보호해 주는 것도 포함한다.

– Edward C. Meyer 대장(미 육군 참모총장, 1935~) –

01

극소수의 전사들만이 경험한 전투

❖ 워(WAR)

"칼레니츠는 머리에서 헬멧이 떨어졌을 때 매복에 걸렸다는 사실을 깨달았고 순식간에 가슴에 세 발, 등에 두 발을 맞았다. 그리고 거의 동시에 바로 옆에서 가장 친했던 동료의 이마를 총알이 뚫고 들어가 머리 뒤를 날려버린 것을 봤다. 칼레니츠를 맞힌 총알은 방탄조끼에서 멈췄지만 끝내 한 발은 그의 왼쪽 엉덩이를 맞히고 골반을 산산이 부순 다음 내장기관을 찢어 올렸다. 그 상태에서 그는 자신이 살 수 있는 시간을 3분으로 잡았다. 그는 적들이 확인사살을 하기 위해 올 순간에 대비해 탄창 하나를 제외한 모든 보급품을 벗어버렸다.

그것은 벨라기지 인근의 적의 매복이었다. 14명의 중대원과 아프가니스탄 정규군 12명, 해병 그리고 아프가니스탄 통역이 마을 원로들을 만나고 돌아오는 길이었다. 적들은 오솔길에서도 은폐할 수 없고, 탈출은 절벽에서 뛰어내리는 것밖에 없는 지점에 360도 전체를 모래참호로 쌓아놓고 기다리고 있었던 것이다. 너무 많은 총구들이 원형으로 그들을 둘러싸고 불을 뿜고 있어서, 그 언덕은 마치

크리스마스 트리의 장식용 전구들에 묶인 것 같이 보였다.

그때 잭슨이 헬멧도 방탄복도 없이 달랑 소총만 들고 나타났다. 그는 솔로우스키와 함께 탄창을 모두 비운 후에 적들의 총격이 심해지자 언덕 꼭대기에서 밀려 떨어졌던 것이다. 그리고 이제는 코르테스가 라이스에게 응급처치를 하고 있었다. 라이스는 잡목에 앉아 그의 배를 잡고 있었다. 그는 등 뒤를 맞았는데 탄환은 몸속에서 이상하게 돌아 방탄복 바로 밑의 배를 통해 빠져나간 상태였다. 그가 마지막으로 기억하던 것은 35미터 앞에서 탈레반이 RPG(휴대용 로켓무기)로 자신을 조준하고 있었던 것이었다. 그는 순간적으로 그게 자신의 생에서 마지막으로 보는 것이라 생각했지만, 지금은 코르테스가 그의 앞에 무릎을 꿇고 앉아서 어디를 다쳤는지 묻고 있었다. 하지만 그는 지금 죽지 않았다고 하더라도 살아서 그곳을 빠져나간다는 것이 쉽지 않다고 생각해 이미 상황판단을 끝낸 뒤였다."

아프가니스탄의 험준한 산악지역에 배치된 미 육군 소속의 부대병력들이 히말라야 힌두쿠시 산맥지역에서 작전활동을 벌이고 있다(사진출처 : 구글이미지)

2007년 어간에 아프간에 참전해 탈레반과 전투를 치뤘던 미군 병사들의 리얼 스토리를 다룬 다큐멘터리 『WAR』에 나오는 전투상황 대목이다.

전미 최고의 리얼 다큐멘터리로 인정받고 있는 이 작품은 미 저널리스트 세바스찬 융거가 미군 당국이 민간인에게 이라크·아프가니스탄 등 미군의 전투현장에 직접 참여해 취재를 허락하는 '배속기자 프로그램(임베디드 기자)'에 포함돼 15개월이 넘는 동안 동부 아프가니스탄 최전방 전초기지의 한 소대를 따라 다니면서 취재한 내용을 바탕으로 쓴 것으로, 전쟁에 대해 잘 알지 못하는 미군배속 민간기자에 의한 관찰 내용을 그대로 전달한다.

평범한 미국의 젊은이들이 전쟁터에 노출되었을 때 어떻게 행동하고 무슨 생각으로 전투에 임하는가를 다루고, 극소수의 사람들만이 경험했던 전쟁이 인간 본성의 궁극적인 시험장이라는 것을 전투현장의 생생한 숨결의 체험을 통해 잘 묘사하고 있다.

작가는 극소수의 민간인들만이 목격하거나 경험했던 공포·살육·명예 그리고 전투를 사실적으로 묘사하며 끊임없이 이어지고 몸이 마비되는 전투에 대한 기대감, 전투 중에 자신의 형제들을 보호하기 위해 서로가 서로에게 물을 필요도 없이 자연스럽게 감수하는 위험, 매복에 걸려들어 아드레날린이 휘몰아치는 전투상황들을 적나라하게 파헤쳤다. 또 숨막히는 전투의 열기와 총성, 전우의 죽음에 대한 고통 등의 현장에서 왜 그들이 그런 결정을 내리는지 그리고 그들이 고통을 겪는 맥락을 생물학·신경정신학, 그리고 전투연구논문·군 역사를 통해 명쾌한 문체로 조명했다.

미 173공정여단 소속의 대대 병력은 미 10산악사단 병력과 교체돼 히말라야와 힌두쿠시 산맥으로 연결된 아프가니스탄의 험준한 산악지역에 배치된다.

중대장 댄 커니 대위를 중심으로 뭉친 전투병들이 거칠고 모진 전장 환경에서 정찰활동 간의 총격전과 기습·매복으로 끊임없이 그들을 괴롭히는 탈레반에 맞서 치열한 근접전으로 이를 막아내고, 적의 사거리 밖에서 포격으로 대응하고, 이어서 아파치 헬기나 A-10기, B-1 폭격기에 의한 공중공격으로 적을 잠재우는 전술을 구사하는 모습은 마치 한 편의 영상물처럼 사실적으로 표현된다. 또 적의 L자형 매복에 걸린 소대원들이 최초 적의 총격에 엄폐를 한 다음 2개의 팀으로 분리돼 엄호사격과 약진전술을 구사하며 치명적인 전투현장에서 불리한 조건을 극복하고 살아남는 장면도 생생하게 표현된다.

이들이 작전을 수행하고 있는 아프가니스탄, 파키스탄, 인도, 네팔, 부탄으로 이어지는 히말라야-힌두쿠시 산맥지역은 해발 4,000m 이하의 산은 모두 '힐'(Hill), 즉 '언덕'으로 부를 정도로 험준한 곳으로, 아프가니스탄이 '제국의 무덤'으로 불리웠던 것도 이런 험준한 지형이 상상을 초월하는 방어전술을 만들어낼 수 있었기 때문이다.

1989년 10년간의 전투 끝에 구 소련이 점령을 포기하고 떠난 것은 물론, 1959년부터 3년간 이어졌던 중국-인도간 국경분쟁 당시, 인도 최강의 전력인 해병대가 힌두쿠시 산맥 지역에 낙하산으로 투입되었다가 전원 포로가 되는 세계 전쟁사에 남겨진 웃지못할 사건은, 평상시 해발 90m에 주둔하던 해병대가 해발 5,000m가 넘는 곳에 낙하하면서 모두 고산병으로 쓰러졌던 때문이었다.

이러한 삭막한 지역에서 전통적인 이슬람 교리를 상당부분 변형해서 받아들인 탈레반 집단은 마약재배와 판매수익으로 테러자금을 마련함으로써 남미의 마약 군벌들과 큰 차이를 보이지 않는 그들의 감추어진 모습을 보여주고 있다.

이런 위험천만한 집단과 최악의 지형조건은 말 그대로 최악의 전쟁을 만들었다. 이곳에 왔다가 임무를 수행하고 떠나는 사람들은 '사람이 악마들의 놀음을 하는 동안 신은 그 자리를 뜨고 만다.'라는 말로 전장의 처절한 상황을 묘사한다.

최악의 지형조건에서 위험천만한 탈레반 조직과의 전투를 수행하고 있는 미군전사들
(사진출처 : 구글이미지)

자신들을 불행하다고 여기고 있는 이들 전투원들의 일상을 보면 코렌갈 관측소의 기슭에 벽돌조 건물로 세워진 임시 막사에서 구겨져 잤고, 부서진 의자와 탄약상자를 의자삼아 대원들끼리 모여 담배를 피우거나 잡담을 했으며, 심지어 총격전이 벌어졌을 때도 그런 식의 일상이 이어졌다.

기지는 지저분한 쓰레기들로 둘러싸인 비탈길 위에 통나무 벽과 모래진지로 둘러싸여 있었고, 부대원들은 간이침대나 진흙위에서 현지에서 얻은 아프간 개들과 함께 자고 있었다. 그 개들은 총격전 중에는 부대원들을 엄호하고 총격 위치를 알려주며 원형 철조망 밖에서 누가 움직이면 짖도록 배치되었다.

전장의 일상에 적응된 부대원들의 복장은 때로는 그들을 미군처럼 보인다고 말하기도 어려웠는데, 바지를 전투화 밖으로 내놓고 목 주변에 부적을 주렁주렁 달고 다녔으며 파병기간이 끝나갈 즈음에는 운동용 셔츠에 각반없이 전투화를 신고, 담배를 꼬나문 상태로 총격전을 할 수도 있었다. 날씨가 너무 더워지면 땀을 적게 흘릴 수 있도록 셔츠를 겨드랑이까지 잘라서 입었는데, 이 상태에서도 무장을 하면 여전히 군복을 입은 것처럼 보였다. 몇몇은 '이교도'라고 가슴을 가로지르는 큼지막한 문신을 했는데, 그것은 탈레반들이 무전에서 '미군'들을 지칭하는 말이었다. 그들 대부분은 20대 초반이었고, 또 부모님과 함께 살던 집에서의 생활과 전쟁밖에는 아는 것이 없었다.

본격적으로 여름이 시작되면 기온은 섭씨 37도가 넘는 날씨가 계속되고, 타란둘라 거미들이 열기를 피해 전투원들의 숙소로 들어오고, 통나무로 지어진 벙커내에는 벼룩들이 떼지어 몰려들어 살충제가 들어있는 목걸이를 발목에 두르고 지내야 했다. 38일간 샤워도 못하고 옷도 갈아입지 못한 적이 있었는데 나중엔 군복에 소금이 배어들어 굳어져 벗어놓은 옷을 그대로 세워놓을 수도 있었다. 부대원들의 땀 냄새는 특히 암모니아 악취가 심했는데, 이것은 오랫동안 몸 안에 있는 지방을 모두 연소시키고 나서 근육까지 부서지고 있었기 때문이었다.

기지 주변 고지에는 늑대들이 있어 밤이면 울부짖는 소리가 들렸고, 음식을 찾아 접근하던 표범도 있었으며, 원숭이 떼들이 모여들어 소리를 지르기도 했다. 반군들의 휴대용 로켓무기인 RPG(Rocket Propelled Grenade)가 날아오는 소리와 똑같은 소리를 내는 새들이 있어 부대원들이 그 새를 'RPG새'라고 불렀고, 그 소리가 들릴 때마다 모두들 움찔하고 놀라곤 했다.

병사들이 부상당한 전우를 급히 옮기고 있다. 각 전투소대에 배치되어 있는 의무병들은 전투병과 똑같은 전투기량과 체력을 갖춘 전사들이다(사진출처 : 구글이미지)

군인들은 모두 전투약품을 다루는 훈련을 받았고, 부상병 근처에 있는 누구든 의무병이 도착할 때까지 구급약을 다룰 책임이 있었다.

일정하지 않은 총격전은 누군가 기지로 올 때마다 꽤 격렬하게 벌어졌는데, 총격을 입었을 때 가장 먼저 하는 것은 고함을 질러 의무병을 찾는 것이었다. 모든 군인들은 구급헬기로 이송되는 동안 피를 덜 흘리게 만드는 전투약품을 다루는 훈련을 받았고, 부상병 근처에 있는 누구든 의무병이 도착할 때까지 구급약을 다룰 책임이 있었다.

예를 들어 흉부에 총을 맞으면 폐의 압력이 줄어들 수 있기 때문에 혈관 카데터(튜브)를 찔러넣는 것과 같은 조치나 팔, 다리의 동맥 근처에 총을 맞으면 전투의약품 세트에 들어있는 지혈대로 지혈을 시키고 부상부위를 거즈로 덮고 붕대를 두른 후 팔에 정맥주사를 찔러 넣어야 한다. 만일 주변에 이러한 조치를 해줄 전우가 없으면 이 모든 과정을 스스로 해야 한다. 물론 한손으로 다 할 수 있도록 충분히 연습을 한다. 전투소대에 편제되어 있는 의무병은 전투병과 똑같은 전투기량과 체력을 갖추고 총격전에서 부상당한 전우에게 응급조치를 할 수 있는 능력을 갖춘 전사들이었다.

총격전의 와중에서도 그들은 특유의 낙천적인 유머와 블랙의 조크들을 잃지 않았다. 총격전이 뜸한 시간엔 벙커에 앉아 기타를 치기도 했고, 가장 최전방 전초기지의 계곡에 스키장이나 스파를 만들어 놓고 수입을 올리는 허황된 상상도 해보곤 했다.

색소폰 연주자인 앤더슨은 "만약에 내 손가락이 잘린다면 그걸 찾아주기라도 했으면 좋겠는데.."라고 의무병과 큰소리로 떠드는가 하면, "좋아. 오늘은 누가 죽는 날일까?" 같은 조크가 정찰을 나가기 전에 하는 일반적인 익살이었다.

또한 남자들만의 세계에서 일어날 수 있는 일로, 어느 한 쪽이 죽으면 사물을 포장해서 부모님께 보내기 전에 노트북에 있는 포르노를 모두 지워주기로 서로 약속하기도 했다.

어느 날은 정찰이 끝나고 나서 누군가가 오번에게 "카린갈에서 그 총알들이 우리에게 꽤 가까이 날아왔지?" 하고 묻자, "엄청나게 가까웠지..", "네가 무전에 응답하지 않았을 때 우린 네가 맞은 줄 알았어. 하지만 비명소리가 없더라구. 그래서 괜찮은 거구나 싶었지", "응...", "아니면 입에 총을 맞았을 수도 있다고 하긴 했어."

누군가가 마지막에 이렇게 응수하자 오번도 웃지 않을 수 없었다.

적의 기습으로 언제 벌어질 줄 모르는 총격전 때문에 웃지못할 습관도 생겼는데, 한 병사는 휴가를 받아 집에 갔을 때, 어머니에게 잠자고 있는 자신을 깨울 때에는 자신의 발목을 잡고 꼭 이름이 아닌 성을 부르면서 깨워달라고 부탁했다고 하는데, 이것은 부대에서 야간보초 교대를 할 때 쓰는 방법으로, 다른 방법으로 깨우는 건 적들이 기습공격을 해왔을 때밖에 없었기 때문이었다.

이런 가운데에서도 미군은 전쟁수행을 위한 창의적인 시스템을 가동했는데, 미군들은 문제를 해결할 때는 모든 문제를 개념적 단위로 나누고, 그 단위들을 각각 별개로 취급하는 경향이 있다. 그러한 개념하에서 그들은 전쟁은 사막이나 산과 같은 물리적 지형에서 싸우는 것이기도 하지만, 그들이 '주민지역연구(Human Terrain System)'라고 부르는 곳에서의 싸움으로도 인식을 했다.

'주민지역연구'는 미군이 주둔중인 지역에서 민사작전을 수행하기 위해 개발한 시스템으로 문화인류학자와 언어 전문가, 정보 담당자, 공익업무 경력자 등으로 구성된 요원들이 '팀'으로 활동하며 생포한 적의 취조에도 참여하고, 더 좋은 정보와 더 확실한 폭격 목표물에 대한 데이터, 그리고 지역주민들의 신뢰를 얻기 위한 민사작전의 핵심에도 접근할 수 있었다.

미군이 주둔지역에서 민사작전을 수행하고 있다. 이들이 개발한 '주민지역연구' 시스템은 문화인류학자, 언어 전문가, 정보 담당자, 공익업무 경력자 등으로 구성된다(사진출처 : 구글이미지)

그들은 미군의 지휘체계를 따랐으며, 아침 7시 군 작전 지휘관 회의에 참석하면서 하루 일과를 시작한다. 전날 있었던 중대 순찰 작전을 보고받고 아프간 주민반응을 분석하며, 며칠 전 순찰 중 벌어진 미군의 총격으로 아프간 민간인이 다친 사건에 대해서 그들은 그 마을 부족장에게 가서 어떻게 사과를 할 것인지, 누가 갈 것인지 등을 일일이 조언해준다.

팀원 중 한명인 스미스 씨는 미군이 요즘 주력하는 '아프간 주민 민심 바꾸기' 작전에 큰 몫을 하고, 효과적인 정보수집을 위한 요령을 알려주기도 하고 미군이 순찰할 때 벌어질 수 있는 사고유형을 미리 주지시키고 사례별로 대처 방안을 알려준다. 그들은 계급장은 없지만 군복을 입고 군인들과 함께 순찰을 다닌다. 아랍어에 능통한 그는 순찰 중 들려오는 주민의 대화를 기록한다. 현지인 가택 수색 때는 누구를 먼저 만나야 하고, 여성을 어떻게 다뤄야 하는지 등을 군인들에게 알려준다. 심지어 어떤 장소에서는 군화를 벗고 들어가야 한다거나, 어느 방에는 코란이 있으므로 조심해야 한다는 것들도 알려준다.

이러한 '주민지역연구'(Human Terrain System)가 진행된 것은 아프간이 처음은 아니다. 제2차 세계대전 때 이미 일본인 연구를 시작한 바 있는 미국은 베트남 전쟁 때는 '피닉스 프로그램'이라는 이름으로 인류학자를 작전에 가담시켰다.

미국 인류학자들이 칠레 내전에 개입한 적도 있었고, 마거릿 미드나 『국화와 칼』의 저자 루스 베네딕트 같은 인물은 미군과 협력한 대표적인 인류학자이다. 이 프로그램의 기본 취지는 이처럼 현지 문화에 대한 미군의 이해를 높여 효율적인 전술을 구사하는 데 있으며, 복잡한 종족·종파 갈등이 첩첩으로 깔려 있는 아프간 같은 지역을 군사 행동으로만 다룰 수 없다는 인식에서 출발한 것이다. '주민지역연구'의 수행능력이 좋아지면서 미군들이 지역사회에 접근하기 위해 노력을 하고 지역개발 프로젝트들을 수행하기 시작하면서, 지역민들은 반군들에게서 떨어져 미군에게 이끌리는 경향을 보여주었다.

리더십 이슈 Leader ship Issues

사례에서 볼 수 있는 전장에서의 리더십은 과거에는 지휘자에 의해 빈틈없이 일사분란하게 통솔되는 '카리스마적 리더십'이 대세를 이루었다면 최근에는 전쟁의 양상이 과학화, 정밀화, 다변화되면서 각개 전투원의 능력발휘가 요구되는 상황에서 집단의 의사결정에 의해 훌륭한 결과를 얻은 '조직 리더십'이나 지도자의 일방적인 지시・명령・보상 등에 의해 발휘되는 전통적인 리더십보다 자기 스스로 성취목표를 설정, 자신을 리더로 추대하는 '셀프 리더십' 등이 더욱 중요한 비중을 차지하는 경향이 있다고 볼 수 있다.

* 높은 수준의 체력상태를 유지하는 것은 승리에 있어서 결정적 요소이다. 피로는 우리 모두를 비겁자로 만든다. - 패튼 -

02

안심해도 되는 날은 어제뿐이다 …

✤ 노 이지 데이(NO EASY DAY)

"안심해도 되는 날은 어제뿐이다!"

삶과 죽음을 넘나들며 극단의 위험한 작전을 수행하는 미군의 최정예 특수임무부대 '네이비 씰(Navy Seal)' 대원들의 구호 중 하나이다. 이라크 시가지 작전, 인도양에서 수행된 리처드 필립스 선장 구출작전, 아프가니스탄의 산악지대 작전 그리고 '넵튠 스피어'작전이라고 명명된 빈 라덴 암살작전에 참가하여 성공적으로 작전을 수행, 전 세계인들의 이목을 집중시켰던 '씰' 대원들의 역사상 기억에 남을 이야기를 소개한 『NO EASY DAY』는 정치적 성격을 띤 민감한 군사작전을 완벽하게 수행한 네이비 씰 팀과 이를 지원한 CIA, 육군항공, 공군 등 조직들의 빈틈없는 하모니를 묘사하고 있다.

『NO EASY DAY』에서는 또 팔에 감각이 없어질 정도로 봉체조를 하거나 내장까지 얼어버릴 듯한 차가운 파도가 몰아치는 바다에서 씰 대원이 되기 위한 훈련 선발과정들을 거치면서 '한 번에 한 입씩 꾸준히 먹다보면 언젠가는 코끼리 한 마리를 다 먹을 수 있다'

는 속담을 되뇌이며 지옥훈련을 거치는 장면이 실감나게 묘사된다.

네이비 씰 중에서도 최정예인 제6팀, '미 해군 특수전 개발단(DEVGRU)' 소속의 핵심요원으로 빈 라덴의 CIA암호명인 '제로니모' 제거작전으로 불리는 '오사마 빈 라덴 암살작전'에 직접 참가했던 저자는 미국의 국익과 작전에 참가했던 대원들의 안전을 보호하기 위해 '마크 오언'이라는 가명을 사용하여 그날의 작전을 위한 기획과 준비, 실행과정을 사실적으로 표현하고 있다.

그들은 네이비 씰에 소속되어 1983년의 그레나다 침공사건, 1989년 파나마 침공사건, 1998년의 보스니아 전범자 체포작전 등에 참여하였고, 이라크, 아프가니스탄, 소말리아 등의 지상전투와 2009년 소말리아 해적으로부터 '머스크 앨라배마'호의 선장을 구출하는 작전 등 현대사에 한 획을 그은 사건들에서 생명을 건 수많은 작전에 투입되어 임무를 완수하였고, 그 외에도 절대 언론에 보도되지 않은 많은 작전에도 참가하여 전투능력과 단결력을 인정받아 미국이 세계 최고의 현상금을 걸고 10여년간 추적해온 빈 라덴 암살작전에 투입될 수 있었다.

'넵튠 스피어' 작전으로 명명된 빈 라덴 암살작전에 투입된 '네이비 씰(Navy Seal)' 대원들과 군견. 이들은 네이비 씰 중에서도 최정예인 대테러 특수부대 요원들이다(사진출처 : 구글이미지)

작전은 22명의 SEAL대원, EOD 및 CIA대원 각 1명으로 편성된 팀원들이 수송기로 아프가니스탄의 바그람 기지를 거쳐 잘랄라바드 기지에서 두 대의 블랙호크 헬기에 탑승하여 빈 라덴의 저택이 있는 파키스탄의 아보타바드에 진입, 돌격팀이 패스트 로핑을 통해 저택의 마당에 강하하여 정해진 위치로 흩어져 목표를 제거하는 동안, 지원팀은 저택의 옥상과 남쪽면에서 엄호를 해주며, 임무가 종료된 다음에는 빈 라덴의 시신을 수거하여 블랙호크와 CH-47헬기로 철수하는 것이었다.

작전이 개시되어 '쵸크 원'이란 암호로 불리는 블랙호크 헬기에 탑승하여 수 개월의 훈련기간 동안 위성사진 연구를 통해 눈에 익힌 지상의 지형지물을 찾아 막 투입하려는 순간 갑자기 헬기에 이상이 생겨 작전이 실패할 지경에 이르렀으나 다행히 헬기가 담벼락에 비스듬히 불시착하여 대원 모두가 안전하게 기체를 이탈한 후 사전에 계획된 대로 임무를 완수하게 되었다.

미 정보기관이 첨단 과학기술과 끈질긴 노력으로 10여년간 추적하여 확인한 빈 라덴의 거주지(사진출처 : 구글이미지)

인간의 모든 신경을 집중시켜서 사전에 계획된 순서대로 임무를 완수하고, 빈 라덴을 사살한 후에 저택의 남겨진 증거물들을 수집한 후에 빈라덴의 DNA표본 수집과 시신 사진을 찍는 작업까지 세밀하게 수행하였다.

몇몇 인원을 제외하고는 극비로 진행된 세기의 작전에서 빈 라덴의 은거지를 찾아내는데 결정적 역할을 한 미 정보기관은, 첨단 과학기술과 끈질긴 노력으로 빈 라덴이 파키스탄의 아보타바드라는 지역내 저택에 거주하는 정보를 입수하였다.

CIA분석팀은 24시간 무인항공기를 띄워 확보한 영상을 바탕으로 빈 라덴이 그곳에서 생활하고 있는 것을 확인하였고, 지역주민들에 대한 예방접종 기회를 틈타 빈 라덴 거주지 아이들의 DNA를 확보하는 시도 등의 노력을 통해 빈 라덴의 거주확률을 100% 확신하게 되었다.

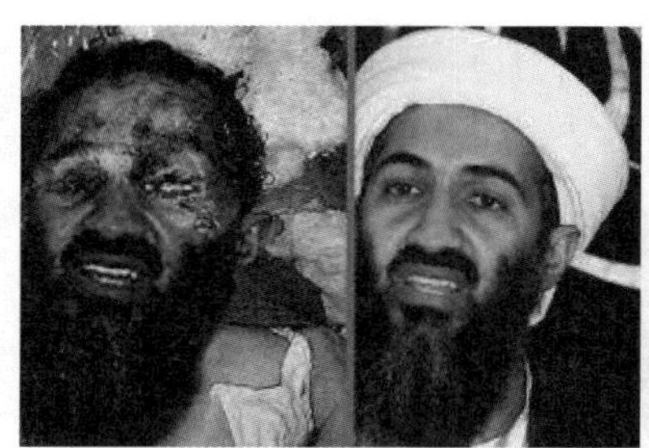

사살된 빈 라덴과 저택사진. 대원들은 작전종료 후 남겨진 증거물들을 수집하고, 빈 라덴의 DNA 표본 수집과 시신사진을 찍는 작업까지 세밀하게 수행하였다(사진출처 : 구글이미지)

또한 작전에는 델타포스와 네이비 씰 같은 미군의 특수부대에서 사용하는 소음기와 열상조준경이 부착되고 개인별 신체특성에 따라 튜닝된 개인소총, 플래시 라이트, 적외선 스트로브와 4개의 야시경 대물렌즈가 부착된 헬멧, 골전도 무전 헤드셉 등 최첨단 장비가 지원되었다.

이러한 작전에서 그들은 정밀하고 섬세하게 짜여진 작전계획과 이를 실행하기 위한 실질적인 예행연습, 첨단 과학기술장비 지원과 최신정보체계를 동원한 결정적 정보수집 등 모든 요소들이 완벽한 통합을 이루어 작전을 성공적으로 이끌었음은 오랫동안 또 하나의 교훈으로 남겨지게 될 것이다.

특히, 작전계획이 완성되고 나서 노스캐롤라이나에 준비된 빈 라덴의 모의저택에서 예행연습을 할 때는 전 대원들이 임무의 모든 내용이 근육에 기억될 수 있을 정도로 숙달시켰고, 최상의 경우를 가정하여 리허설을 한 다음에는 돌발사태 발생을 가정한 리허설도 빠짐없이 하고 최종적으로 VIP를 모시고 마지막 리허설을 마친 후에 마침내 워싱턴의 작전승인이 있었다.

이들은 미 합동 특수전 사령부(JSOC)의 예하로 미 육군의 델타포스나 다른 나라의 국가급 기동부대 등과도 긴밀하게 협력하기 위해 유연한 조직운영을 필요로 한다. 대원에 선발되기 위해서는 먼저 체력검정을 통과한 후 면접에 합격해야 하고, 합숙훈련이 진행되는 과정에서는 특별히 설치된 훈련장에서 달리면서 또는 숨이 턱밑까지 차오른 상황에서의 사격이나, 모듈화 구조로 분해 및 재조립을 통해 회의실, 욕실, 복도, 홀 등으로 구조를 바꾸어 가며 실전경험을 하게 하는 등의 독특하고 혹독한 훈련방식에 적응해야 했다. 도중에 탈락하는 인원들은 가차없이 도태되어 원대복귀시켰다.

이러한 과정을 거친 다음에는 통로개척, 지상전, 통신훈련 등을 거쳐 씰 팀의 핵심업무인 승선훈련에 들어가는데, 여러 주 동안 유람선부터 화물선에 이르기까지 다양한 함정에 올라 '항행'이라 불리는 훈련을 한 후 마지막으로 해안정찰작전과 생존, 도피, 저항 및 탈출(SERE)훈련, VIP 경호훈련도 한다.

그린 팀 훈련의 비결은 스트레스를 조절하는 것으로, 교관들은 대원들을 지치게 하고 한계까지 몰아가서 최악의 상황에서도 중요한 결정을 내리는 법을 가르친다. 정예 SEAL대원 중에서도 극소수의 인원들만이 현장요원으로 복무하게 되는데, 이들 현장요원들은 극심한 스트레스 속에서도 정보를 제대로 처리해야 작전이 성공할 수 있기 때문이다.

또 명령이 떨어지면 바로 임무를 수행할 수 있도록 삐삐가 울리면 바로 항공기에 탑승해 세계 어느 곳이든지 몇 시간 이내로 투입될 수 있게 비상소집에 응하는데 한 시간 이상이 걸려서는 안되는 '1시간 소집' 훈련을 집중적으로 숙달했는데, 이는 어느 위치에 있든지 지정된 위치에 한시간 이내로 집결해야 하고, 취하도록 술을 마셔서도 안되는 개념이었다.

그들은 훈련을 마치고 각 전대로 배치되는데, 머리와 턱수염을 길게 기르고, 문신, 복장들도 자유롭게 허용되는데 얼핏보면 오합지졸들의 집단으로 보일지 몰라도 실은 진정한 프로페셔널들이고, 출신배경, 취미, 기호도 달랐지만 더 큰 대의를 위해 자신의 시간, 더 나아가서는 생명까지도 희생할 의지를 갖추었다는 공통점이 있었다.

이들에게 통용되는 부대내의 행동규칙은 이른바 '어른들의 규칙'

이었다. 즉, 상부의 간섭은 필요 이상 받지않고 스스로 모든 것을 알아서 할 수 있어야 했다. 그대신 요청하는 모든 장비나 물자는 즉각 보급되어, 다양한 작전에 투입되는 경우에 필요한 플래시 라이트, 망원조준경, 소음기, 적외선 레이저, 열영상 조준경 등이 원하는 수량대로 보급되고, 총기는 개인이 요구하는 대로 튠업을 해 주었다.

이라크의 바그다드에서 미 육군 델타 포스 부대에 파견되어 합동으로 작전을 완수하는 과정에서는 마치 친형제처럼 긴밀하게 협조하여 임무를 성공적으로 완수하였다. 아프가니스탄의 산악지대 전투를 위한 투입과정에서는 쿠나르 주의 전초진지에 헬리콥터로 이동해서 고산지대 작전을 위한 준비가 이루어지는 전진작전기지(FOB)에 도착하자마자 적의 습격을 받았으나, 육군병력의 지원과 협조를 통해 큰 피해없이 기지에 도착했다.

이어 힌두쿠시 산맥의 일부인 지독한 산악지역에 산과 깍아지른 좁은 계곡들 사이에 있는 탈레반의 거점을 공격하여 일대를 점령하고 있던 게릴라들을 제거하는 작전에서 10여명 이상을 사살하는 성과를 올리고 작전을 이상없이 완수하고 나서는 SSE라 불리는 '민감지점탐사' 임무를 수행했다. 이는 기본적으로 적 전사자의 사진을 촬영하고 적들이 남긴 병기와 폭발물을 수거하며, USB메모리나 컴퓨터, 종이서류 같은 저장매체들을 모두 챙기는 것을 말하는데, 원주민들이 미군이 무고한 농부들을 죽였다는 등의 거짓주장을 원천봉쇄하기 위한 수단이 되었다. 수많은 작전이 거듭되면서 이러한 SSE 기법도 진화해 왔으나, 이런 임무중심의 거친 작전이 진행되면서, 미군의 상급부대나 기관의 정책결정자들의 과잉개입으로 전투에 투입한 역량의 많은 부분을 서류정리 등에 쏟아 부어야 하는 황당한 일들이 벌어지기도 했다.

예를 들어 게릴라 용의자들을 체포해오면, 두세 시간에 걸쳐 서류를 작성해야 하고, 용의자들을 기지로 데려오면 가장 먼저 "가혹행위를 당한 적이 있는가?"라는 질문부터 한다. 용의자의 입에서 긍정적인 대답이 나오는 순간 대원들도 조사를 받아야 하고, 더욱 많은 서류작업에 시달려야 한다.

또 이들 대원들이 견디기 어려운 것 중 하나는 TV, 방송 등 언론들의 과잉보도와 추측성 보도였는데, 뉴스 보도에서 씰 대원들의 숭고한 작전이 마치 싸구려 액션 영화처럼 묘사되고, 몇 주 동안 1급 비밀로 다루어지던 것들이 TV화면에 나오는 것을 볼 때는 허무한 감정이 끓어 오르기도 했다.

작전 수행간 워싱턴이나 정치인들과의 관련에 대해서는, 미국의 문민통제 개념을 이해할 필요가 있는데, 군대에 대한 '문민통제(civilian control)'는 국가 통치권력에서 군부의 개입이 거부되고 민간인이 군인까지 포함하는 최고의 지휘권을 가진다는 개념이며, '무력은 민간인에 의해 통제되어야 한다'는 대전제하에 출발한다.

미국의 문민통제는 1986년 레이건 대통령이 서명한 Goldwater-Nichols법안(일명, 국방성 재 조직법)에 의거 국방성 본부에 현역장교가 근무할 수 있으나, 국방장관은 군인참모를 둘 수 없다. 국방장관, 부장관, 차관, 차관보, 각군성 장관 및 차관은 현역이 아닌 민간인을 임명하는 것을 원칙으로 하나, 군 출신 인사를 등용할 경우 전역한지 10년이 지나야 한다.

군에 대한 지휘체계(command structure)는 대통령이 국방장관을 경유하여 각 지역사령관에게 명령을 전달하는 형태로 수행되며, 합참의장과 각 군 참모총장은 실제 군사명령구조의 계선에 있지 않고, 대통령에게 군사적 참모역할을 수행하며, 군사력 건설 및 준비태세 유지에 대한 책임을 가진다.

미군의 대표적인 문민통제 사례로, 한국전쟁 당시 제2차 세계대전의 전쟁영웅 맥아더 장군이 한·중 국경선 이북으로의 확전을 강력하게 주장하였으나, 트루먼 대통령은 그를 해임함으로써 군에 대한 문민통제를 확고히 하였다.

리더십 이슈 Leadership Issues

미군의 최정예 부대 중 하나인 네이비 씰(Navy Seal) 그린 팀의 활동에서 나타난 리더십은 몇 가지 독특한 면을 가지고 있다. 그 중 하나가 팀에서 대충대충 묻어가는 사람, 즉 조직속에 몸을 숨기고, 최고로 잘하지도 않지만 최악으로 못하지도 않는 회색분자들을 걸러내기 위해 훈련기간 중 주기적으로 동기생중 제일 못하는 사람과 제일 잘하는 사람 5명씩을 개인별로 적어 제출하게 하여 훈련성적이 우수하더라도 다른 대원들과 어울리지 못하거나 협동이 안되는 교육생을 탈락시킨다.

이는 리더십 측면에서 구성원들의 셀프 리더십을 개발하여 셀프 리더로 만들어주는 '슈퍼 리더십'이나, 구성원들에 대해 계속적인 격려, 지원, 강화를 통해 구성원들의 우수성을 이끌어 낼 수 있도록 하는 '피그말리온 리더십'과는 다소 거리가 있다고 볼 수 있다.

그러나 구성원에 자율권을 부여함으로써 구성원 스스로 문제를 해결하고 업무를 주도적으로 추진하도록 독려하는 '참여적 리더십'이나, 또는 리더에 의해 업무할당, 결과평가, 의사결정 등의 일상적인 업무수행이 이루어지고, 부하들에게는 성과에 따른 적절한 보상을 지급하며, 기대성과에 부합되지 않은 과오, 예외, 편차에 대해 경고하여 적극적 수정조치를 취하는 등 인간관계는 다소 무시될 수 있는 개념의 '거래적 리더십'에 가깝다고 볼 수 있는데, 이는 세계 최정예 부대라는 특수한 환경에서의 집단 리더십으로 이해할 수 있다.

*** 진정한 리더십이란 사람들로 하여금 자신의 능력 이상을 보여주고 각자 내면의 용기를 발견해 더 많은 것을 성취할 수 있도록 돕는 것이다.**

- 잭웰치 (제너럴 일렉트릭 회장) -

03

실패한 성공

❖ 미 달 탐사선 아폴로 13호

미국이 소련과의 우주경쟁에서 확실한 우위를 점하는 계기가 된 '아폴로 계획(Project Apollo)'은 1961년부터 1972년까지 미 항공우주국(NASA)에 의해 이루어진 인류 역사상 가장 획기적인 일련의 유인 우주비행 탐사계획으로, 아폴로 계획의 목표는 1960년대 존 F. 케네디 대통령이 언급한 '인간을 달에 착륙시켰다가 무사히 지구로 귀환시키는 것'으로 요약된다.

이러한 방대한 계획에서 최종적으로 선택된 방법은, 강력한 발사체인 새턴 5호 로켓으로 50톤의 우주선을 발사하여 달 궤도에 진입시키고, 우주선의 자체 로켓동력으로 달 착륙선(Lunar Module/LM)을 달에 도달시켜 인간을 달에 착륙시키고, 임무를 완수한 후 우주선을 자체의 역추진 로켓으로 달 궤도에 진입시켜, 다시 달 주위를 돌고있는 모선으로 돌아올 수 있도록 만들어진 정밀한 계획이었다.

1967년 1월 27일, 아폴로 1호의 발사연습 도중 우주선 내의 화재

사고로 사령선이 전소되고 3명의 우주비행사가 사망하는 참사로 최초의 유인(有人) 아폴로 비행은 연기되었다. 그 후 몇 번의 무인 지구 주회궤도 비행에 이어, 1968년 10월 11일 아폴로 7호가 3명의 우주비행사를 태우고 쏘아 올려져 163회의 지구 주회궤도비행에 성공했다.

이어, 아폴로 8호는 지구 주회궤도에서 달의 공전궤도로 투입되어 달 주회궤도를 완전히 선회한 다음 지구로 무사히 귀환하여 유인 달탐사의 첫 단계를 수행했다. 아폴로 9호는 지구 주회궤도에서 달착륙선의 성능을 검사했으며, 아폴로 10호는 달 주회궤도로 비행하여 달표면 15km 이내까지 달착륙선을 근접시키는 시험을 성공시켰다.

마침내 1969년 7월, 아폴로 11호는 달 착륙에 성공함으로써 인류역사에 신기원을 이룩했으며, 우주비행사 닐 암스트롱은 달 표면에 발자국을 남긴 인류 최초의 인물이 되었다.

그 이후의 아폴로 우주비행에서는 월석 표본을 채취하거나 태양풍 실험과 달 표면의 지진측정과 같은 과학연구를 위한 장비를 설치하는 등 광범위한 달표면 탐사가 이루어졌고, 이 계획의 마지막인 아폴로 17호 비행은 1972년 12월에 실시되었다.

1970년 4월 11일에 발사된 아폴로 13호는 아폴로 계획에서 세 번째로 달에 착륙할 계획이었으나, 지구에서 32만여km 떨어진 우주에서 치명적인 고장으로 달 주변을 선회만 했으며, 우주선 승무원들과 NASA관계자들의 헌신적인 노력으로 위기를 극복하고 4월 17일 무사히 지구로 귀환하였다. 이 과정에서 3명의 우주선 승무원들이 신속하고 치밀하게 사고에 대응하여 위기를 극복한 것이 부각되어, 아폴로 계획 중 '성공적인 실패'로 불리고 있다.

아폴로 13호의 사고 및 무사 귀환에 관한 내용은 1995년에 영화 '아폴로 13'으로 만들어지기도 했다.

아폴로 13호는 발사 직후부터 문제를 발생시키고 있었는데, 우선 제2단 로켓 S-II의 중앙 엔진이 예정보다 2분 빨리 연소를 정지시켜 버렸다. 그렇지만 이때는 주변에 있는 4기의 엔진이 자동적으로 연소시간을 연장해 궤도를 수정했기 때문에, 위험 상태까지는 도달하지 않았다. 사고 이후 분석에 의하면 고장의 원인은 위험한 수준에까지 도달한 공진에 의한 것으로, 엔진을 지지하는 프레임이 76mm정도까지 비뚤어져, 제2단 로켓을 공중분해시킬 수 있을 만큼의 것이었지만, 이 진동에 의해서 센서가 압력을 과도하게 낮게 표시했기 때문에 컴퓨터가 자동적으로 엔진을 정지시켰던 것이다.

이것보다 작은 진동은 아폴로 13호 이전의 제미니 계획 초기의 무인비행의 단계로부터 발생하고 있어 로켓 고유의 현상이라고 생각되고 있었지만, 아폴로 13호에서는 터보펌프 안에서 공동현상이 발생한 것에 의해 진동이 확대된 것이다. 이 때문에 사고 이후의 비행에서는 아폴로 13호의 시점에서는 아직 개발 도중이었던 진동 억제장치가 설치되었고, 동시에 압력진동을 감소시키기 위해 액체 산소의 공급라인 안에 헬륨가스의 저장탱크를 설치해 고장이 발생했을 경우 중앙엔진을 자동적으로 정지시키는 장치를 마련했고, 또 모든 엔진의 연료 밸브를 간소화하는 등의 개선을 도모하였다.

아폴로 13호가 지구로부터 321,860km 가량 비행했을 때, 기계선의 산소탱크 2개 중 하나가 갑자기 폭발했다. 비행사가 2번 탱크의 교반기 스위치를 켰을 때, 내부의 전선이 합선되어 테플론제의 피막이 발화했던 것이다. 나중에 사고조사위원회의 분석에 의하면, 압력은 눈 깜짝할 사이에 한계치인 7MPa를 넘어 순간적으로 폭발했던 것으로 밝혀졌는데, 우주비행사들은 비행선이 운석과 충돌한 것이라고 생각했다.

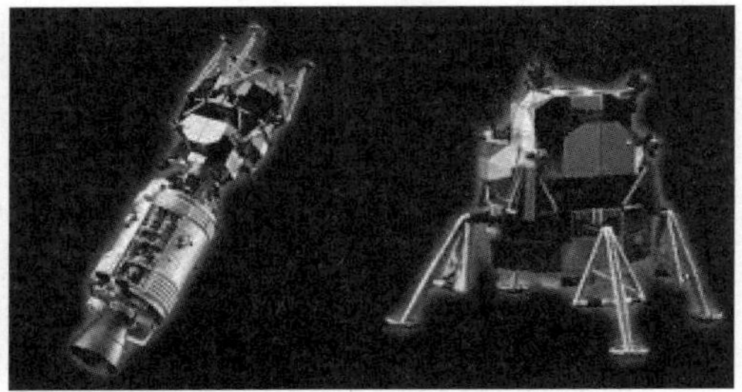

아폴로 13호의 산소탱크 폭발사고가 발생한 기계선(좌측)과 달 착륙선(우측). 사고가 나자 우주비행사들은 기계선에서 달 착륙선으로 대피했다.

이 폭발에 의해 1번 탱크도 손상되었으며, 계기판의 산소 잔량표시는 천천히 내려가고 있었고, 수 시간 후에는 기계선의 산소는 완전하게 비어 버릴 상황이 되었다. NASA의 관제센터는 우주비행사들에게 최대한 산소 사용을 절약하여 기계선내에 산소를 유지하는 것을 최우선으로 지키도록 시켰다.

만약 기계선의 산소가 떨어지면, 사령선에 탑재되고 있는 산소를 사용할 수밖에 없는데, 그것은 기계선을 분리시켜 떼어낸 뒤 대기권 재돌입 시에 필요한 것으로 약 10시간 분량밖에 준비되어 있지 않았다. 그 때문에 관제센터는 비행사들에게 사령선의 기능을 완전하게 정지시키고 달 착륙선으로 대피하도록 지시했다. 이러한 비상절차는 지구에서의 훈련에서는 몇 번이나 실행했었지만, 설마 그것을 실제로 실행할 때가 오리라고는 아무도 생각하지 않았었다. 만약, 아폴로 8호 당시와 같이 착륙선이 존재하지 않았다면, 비행사들은 목숨을 잃을 수밖에 없었을 것이다.

이 사고로 인해 일단 달 표면에 착륙은 포기해야 했고, 대신에 달의 중력을 이용하여 자유귀환궤도에 오름으로써 신속하게 지구에 귀환하는 것은 가능했다. 자유귀환궤도로 돌아오기 위해서는 기계선의 엔진을 분사해 가속해야 하지만 기계선의 중요한 로켓이 어느 정도의 손상을 입었는가 하는 것이 전혀 짐작이 가지 않는 것이 문제였다.

달 착륙선에는 본래 2명의 우주비행사가 2일간 체류하도록 설계되어 45시간분의 액체산소가 산소탱크에 들어 있었는데, 이 분량을 가지고는 3명의 우주비행사가 4일간 생존할 수는 없었다. 그러나 착륙선에는 비행사가 달 표면에서 활동한 후 내부로 돌아온 뒤 다시 선내를 가압시키기 위해 산소를 생산하는 장치가 설치되어 있었는데, 문제는 이러한 장치를 가동하는 전력이었다.

사령선과 기계선의 전력원이 '연료전지'인데 비해 착륙선은 '산화은 전지'를 사용하고 있었다. 연료전지는 부산물로서 물이 생성되는데, 이 물은 음료수로 뿐만 아니라 기기의 냉각에도 이용된다. 그러나 산화은 전지에서는 물을 얻을 수 없기 때문에, 대기권 재돌입 직전까지 전지의 출력을 최소한도로 억제하여 비행사들도 물 마시는 것을 참아야만 했다.

또 하나의 문제는 '수산화 리튬(LiOH)'이었는데, 수산화 리튬은 우주선내에서 비행사들이 호흡을 할 때마다 선내에 발생하는 이산화탄소(CO_2)를 제거하기 위한 필터에 사용된다. 착륙선내에 탑재되어 있는 수산화 리튬은 우주비행사들이 지구 귀환에 필요한 양에 절대적으로 부족하였다. 다만, 사령선에는 충분한 예비량이 있었지만, 사령선의 여과장치와 착륙선의 여과장치 규격이 완전히 다른 것이 문제였다. 사령선의 필터는 사각형 모양이어서, 원형모양인 착륙선의 필터에 장착할 수 없었다.

우주선내에 남아 있는 여분의 물품들을 이용하여 임시로 만든 여과 카트리지. 최초 사령선 조종사로 선발되었다가 예비 조종사로 교체되어 달에 가지 못한 켄 매팅리의 도움을 받아 지상 관제팀이 제작방법을 구두로 비행사들에게 전달했다.

지상의 관제관들은 여러 방법을 고민한 끝에, 선내에 남아 있는 모든 물품들을 이용하여 임시로 여과장치를 만들어 사용하기로 하였다. 최초 사령선 조종사로 선발되었다가 홍역 면역체계를 갖추지 못해 예비 조종사로 교체되어 달에 가지 못한 켄 매팅리의 도움을 받아 우주비행사들에게 여분의 골판지, 비닐봉투, 껌, 휴지, 테이프 등을 맞추어 여과 카트리지를 제작하는 방법을 구두로 비행사들에게 전달했다.

켄 매팅리는 아폴로 13호가 위기에 빠져 있는 동안 나사(NASA)에 호출되어 관제센터에서 사령선을 최소한의 전력으로 유지하는 방법을 모의실험장치로 검토하고 있었다. 이렇게 완성시킨 임시 필터를 장착하여 가동시킴으로써 우주비행사들은 위기상황을 극복할 수 있었고, 이 여과장치에 '메일 박스'라는 별명을 붙였다.

또한, 전력을 절약하기 위해 선내온도를 최대한 떨어뜨렸기 때문에 공기중의 수분이 응결되어 계기판 위에 무수한 결로가 발생했는데, 이 물방울들이 사령선을 재가동할 때에 회로를 합선시키는 원인이 되지 않을까 염려되었지만, 아폴로 1호 화재사고 이후 사령선에는 안전대책이 철저하게 강구되어 있어 문제가 되지는 않았다.

마침내 아폴로 13호는 착륙선 '아쿠아리우스'를 분리해낸 후, 사령선 '오디세이'는 무사히 태평양에 착수할 수 있었다.

지구로 무사히 복귀한 아폴로 13호 사령선 오디세이. 이들의 복귀에는 나사(NASA) 관제센터의 신속하고 과감한 대응이 결정적으로 작용했다.

아폴로 13호는 달 표면에 착륙하여 부여된 과학실험 등의 임무를 달성할 수는 없었지만, 절체절명의 위기 순간에 NASA 관제센터와 우주비행사가 신속하고 과감하게 대응하여 위기를 극복함으로써 "성공적인 실패"라고 불리고 있으며, 우주비행사와 지상의 관제사들은 그 공적을 인정받아 대통령 훈장인 '자유의 메달'을 수상하였다.

리더십 이슈 Leadership Issues

아폴로 13호의 사례에서는 아폴로 계획을 구상하여 실행에 옮긴 케네디 대통령의 도전적이고 미래지향적인 리더십이 전 인류의 역사를 바꾸는 결과를 가져오는데, 1961년 5월 25일 케네디는 미국 의회의 양원이 모두 모인 자리에서 다음과 같이 '아폴로 계획'을 선포한다.

"우선, 나는 인간이 달에 착륙한 후 무사히 지구로 귀환하는 이러한 계획이 성공한다면, 다른 어떠한 우주계획도 인류에게 이보다 강렬한 인상을 심어줄 수 없다고 확신합니다. 이는 또한 장기적인 우주탐사계획에 중요한 전환점이 될 것이며, 이를 위해 온갖 어려움과 막대한 비용을 감수할 것입니다."

케네디가 이러한 선언을 할 당시 미국은 단지 한 명의 우주인이 지구궤도 선회에 성공했을 뿐이었고, 심지어 미 항공우주국(NASA) 내에서도 케네디의 이러한 선언이 달성될 수 있을지 의심할 정도였다.

그러나 케네디 대통령은 1962년 9월 12일 휴스턴에서 다음과 같은 연설을 통해 그의 의지를 더욱 확고히 했다.

"우리는 달에 가기로 결정하였습니다. 그것이 쉽기 때문이 아니라 어렵기 때문에 이렇게 결정한 것입니다. 이것은 우리의 모든 역량과 기술을 한데 모아 가늠해보는 일이 될 것입니다. 이 도전이야 말로 우리가 하고자 하는 것이며, 더 이상 미룰 수 없는 것이고, 우리의 승리가 될 것이기 때문입니다."

또한, 아폴로 13호의 사례에서는 우주비행사와 지상 관제센터의 빈틈없는 협력과 조직 리더십이 곳곳에서 발견된다.

먼저, 기계선의 산소탱크가 폭발하는 치명적인 사고의 순간에도 차분하게 대처하며 우주비행사의 생환방법을 모색하는 관제센터 요원들이 산소가 부족하게 된 사령선의 기능을 완전하게 정지시키고 달 착륙선으로 대피하도록 지시했는데, 이러한 비상절차는 지구에서의 훈련에서는 몇 번이나 실행했었지만, 설마 그것을 실제로 실행할 때가 오리라고는 아무도 생각하지 않았던 것으로 아주 적은 확률에도 대비하는 치밀함이 성공적인 결과를 가져왔다.

또한, 달에 비행하는 도중에 착륙선에 물자가 충분한 상태에서 폭발사고가 발생한 것도 결과적으로 불행 중 다행이었는데, 만약 착륙선을 분리해낸 후에 폭발이 일어났다면 비행사들이 살아날 확률은 없었다.

두 번째로, 우주선에 남아 있는 물품들을 이용하여 임시 여과장치를 만드는 아이디어와 이를 실행하는 과정, 아폴로 1호의 화재사고 이후 사령선내에 결로현상에 대비하여 안전대책을 강구한 것 등은 위기에 대응하여 조직의 사고를 유연하게 갖추어 놓는 것이 얼마나 중요한가를 보여주는 사례이다.

* 오로지 홀로 모든 일을 해내려 하거나, 또 그렇게 함으로써 모든 명성을 혼자 받길 원한다면 결코 위대한 리더가 될 수 없다.

– 앤드류 카네기(미국 실업가) –

Tips for fun

♣ 우주선이 발사되는 당일의 우주비행사의 시간계획 ♣

발사 4시간 17분전 기상,

발사 4시간 2분전 마지막 건강체크,

발사 3시간 32분전 아침식사

(이때 메뉴는 스테이크, 계란, 오렌지 쥬스, 커피, 구운빵 등이다.)

이어 우주복으로 갈아입는데, 코를 긁거나 재채기를 하려면 헬멧을 잠그기 전에 해야 한다. 일단 헬멧을 쓰면 지구궤도를 벗어나기 전까지 절대 벗을 수 없기 때문이다.

♣ 우주비행 사고조사 때 조사관들이 가장 먼저 묻는 질문 ♣

"당신은 그때 누구에게 도움을 청했습니까?"

04

위대한 실패, 더 위대한 리더십

✣ 어니스트 섀클턴의 남극탐험

역사는 승자의 기록이다.

이 말은 대부분은 맞지만 실패한 사람에게도 '위대한'이라는 수식어가 붙은 경우도 있다. 바로 인듀어런스호를 이끌고 남극 탐험에 나섰던 어니스트 섀클턴의 이야기다.

1901년 1월 9일, 섀클턴은 당시 남극탐험 기록상 인류가 도달할 수 있는 최남단인 남위 88도 23분에 도달했다. 선배 탐험가 로버트 스콧의 기록을 갱신한 섀클턴은 그 자리에 알렉산드리아 여왕이 하사한 깃발을 꽂았다. 이렇게 인류 역사상 최남단을 밟았다는 표시를 남긴 섀클턴은 그곳을 '킹 에드워드 7세의 고원지대'라고 이름 지었다.

그곳은 남극점에서 155km 떨어진 지점이었다. 섀클턴이 여기에서 더 나가지 못한 것은 식량부족 때문이었다. 턱없이 부족한 식량과 열악한 장비만으로도 그곳까지 갔으니 그 자체만으로도 대단한 기록이었다.

섀클턴은 그날밤 일기에 이렇게 적었다. “비록 남극점 정복은 실패했지만, 최선을 다했기 때문에 후회는 없다. 이전에 세웠던 사람들의 최극단 기록에서 남극은 580km나 초과했고, 북극은 120km를 초과했다. 이제 우리가 돌아가는 길에 하나님의 가호가 있기를 기도할 뿐이다. 아멘.”

스콧의 대원으로 시작한 첫 남극탐험에서 괴혈병으로 도중하차 했던 섀클턴은 자신만의 남극 탐험대를 꾸리기로 결심하고, 그날의 원을 풀기라도 하듯 두 번째 남극도전에서 그는 대원들을 이끌고 기록을 갱신했던 것이다. 그리고 그가 간절하게 기도한 대로 전 대원이 극한 상황에서 무사히 귀환했다. 당시에는 이렇게 전 대원이 무사 귀환한 예가 없었기에, 섀클턴은 이 탐험으로 국민적인 영웅이 되어 국왕으로부터 ‘경’의 칭호를 받았다.

인듀어런스호를 이끌고 남극 탐험에 나섰던 어니스트 섀클턴의 대원들과 빙벽에 갇힌 인듀어런스호. 이들의 모험은 실패한 사람에게도 ‘위대한’이라는 수식어가 붙을 수 있음을 말해준다(사진출처 : 구글이미지)

말단 선원부터 시작해 항해사와 남극 탐험대 대원을 거쳐 남다른 노력과 의지로 남극 탐험대 대장이 된 어니스트 섀클턴은 남극대륙의 극한 상황 속에서 그만의 위대한 리더십을 보여주었다. 어려서부터 친구들과 어울리기보다는 책 읽기를 좋아하고, 혼자만이 공상에 빠지는 것을 좋아하던 소년이 위대한 리더십을 발휘할 수 있었던 비결은 무엇일까?

그의 아버지는 자신의 뒤를 이어 안정된 직업인 의사가 되기를 바랐지만, 어니스트 섀클턴은 어린 시절의 꿈인 모험을 시도해 보기를 원했고 아버지를 설득해 바다로 나갈 수 있었다. 먼저 상선을 탄 어니스트 섀클턴은 배를 닦고, 돛을 달고, 이백여 개의 로프의 이름을 외우는 등 밑바닥부터 시작했지만, 누구보다 열심히 배웠고, 훌륭한 뱃사람이 되기 위해 부지런히 노력했다. 방탕한 생활을 하는 동료들과는 달리, 언제나 성실한 생활을 하며 항해 중에도 틈틈이 공부를 한 어니스트 섀클턴은 항해사 자격증을 취득하여 드디어 선장이 되었다.

그러던 어느 날 로버트 스콧이 이끄는 남극 탐험대원 모집 공고를 본 뒤 미지의 세계인 남극에 관심을 갖게 된 어니스트 섀클턴은 남극 탐험대 대원이 되어 '디스커버리호'를 타고 남극으로 향했다. 그러나 그의 첫 남극탐험은 하늘이 돕지 않아 괴혈병으로 도중하차할 수밖에 없었다.

남극대륙을 탐험한 최초의 기록을 세운 사람은 영국인 보르치그레빙크였다. 그는 썰매를 끌고 남위 78도 58분 지점에 도달했는데, 그때까지 인류가 도달한 지점 중 최남단이었다.

최초의 남극점 정복은 노르웨이의 로알 아문센에 의해 이루어졌다. 아쉽게도 섀클턴의 선배 로버트 스콧도 이 기록을 깨지 못하고 남극에서 비극적으로 운명하고 말았다. 그러자 남극 탐험대 대장으로서 '님로드호'를 타고 성공적으로 남극 탐험을 마치고 돌아온 어니스트 섀클턴은 "인간은 새로운 목표에 자신을 적응시켜야 한다. 과거의 목표는 사라졌다."고 언급하며, '남극점 정복' 대신에 '남극대륙 횡단'을 계획하게 되었고, 이것을 목표로 대원을 선발하여 마침내 1914년 8월, 27명의 대원과 함께 범선 '인듀어런스호'를 타고 그의 세 번째 남극탐험 장정을 떠난다.

그러나 순항도 잠시, 목표지점을 150km 남기고 밀려오는 부빙군에 인듀어런스호가 파괴되어 빙벽에 갇히고 만 탐험대는 절망적인 상황에 놓이게 된다. 그때 섀클턴은 목표를 수정한다. '28명의 전 대원 무사 귀환!' 대원들은 어니스트 섀클턴의 뛰어난 통솔하에 구조될 것이라는 꿈을 잃지 않고 생활할 수 있었고, 마침내 남극 탐험대원 모두가 구조되어 무사히 귀환할 수 있었다.

결국, 인듀어런스 호는 이 위대한 여행의 상징이 되었고, 섀클턴을 지상에서 가장 강력한 탐험가, 지도자를 상징하는 이이콘으로 만들었다. 비록 대륙횡단은 하지 못했지만 남극 빙벽에서 634일을 견디고 전 대원이 무사히 귀환했기 때문이다. 사람들은 이 탐험을 '위대한 실패' 혹은 '위대한 항해'라 부르며 지금도 그의 정신을 추모한다.

섀클턴을 포함해 인듀어런스호에 오른 27명의 대원이 634일간 영하 30℃를 오르내리는 남극의 빙벽에 갇히는 극한상황 속에서 어떻게 살아 돌아왔을까? 인간의 한계는 도대체 어디까지인가? 또 그 상황에서 모든 대원을 이끌고 무사히 귀환한 섀클턴의 리더십과 열정은 어디에서 나온 것인가? 여기에는 우리가 좋아하는 각종 '최초' 기록 이상의 그 무엇이 있다. 그래서 우리는 역경을 이겨낸 인물로 위대한 탐험가 섀클턴을 기억하고 어떤 어려움 속에서도 길은 있다는 신념을 갖게 되는 것이다.

인듀어런스호가 남극으로 출범하기 1년 전인 1913년, 빌흐잘무르 스테팬슨이 이끄는 캐나다 탐험대가 칼럭호를 타고 북극 탐험에 나섰다. 이들은 탐험도중 갑자기 얼어버린 빙벽에 가로막혀 고립되는 상황과 맞닥뜨렸다. 극지에서는 언제나 있을 수 있는 일이었다. 살인적인 추위속에 식량과 연료가 떨어져가는 극한상황에 부딪쳤고 이는 1년 후 섀클턴이 겪게 될 것과 똑같은 상황이었다.

캐나다 탐험대는 북극에 고립된지 수 개월만에 야수와 같이 변했다. 거짓말과 속임수, 도둑질이 난무하며 서로의 신뢰를 잃어가는 등 극한의 상황에서 인간이 보여줄 수 있는 가장 밑바닥의 정서를 그대로 드러내며 마침내 11명의 대원 모두 처참한 최후를 맞이했다.

하지만 섀클턴은 27명의 대원을 이끌고 2년이 넘는 시간을 남극에서 버티면서 한 사람의 낙오자도 없이 영국으로 무사히 귀환했다. 말이 2년이지, 남극 빙벽의 혹한 속에서 바다표범을 잡아먹으며 남자 27명이 지옥과 같은 생활을 견뎌낸 것이었고, 대원 중에는 그 상황에서도 행복하다고 일기에 적은 사람이 있을 정도였다. 이들에게는 희생정신과 서로를 격려하는 마음이 있었으며, 이러한 사실만으로도 섀클턴의 이야기는 장엄한 휴먼 드라마와 다름없다고 할 것이다.

섀클턴과 대원들이 언제 죽을지 모르는 혹한의 남극탐험 길에 어느 대원이 남긴 일기의 한 토막이다. "섀클턴은 은밀히 자신의 아침식사용 비스킷을 내게 내밀며 먹으라고 강요했다. 그리고 내가 비스킷을 받으면 그는 저녁에도 내게 비스킷을 줄 것이다. 나는 도대체 이 세상 어느 누가 이처럼 철저하게 관용과 동정을 보여줄 수 있을까 생각해본다. 나는 죽어도 섀클턴의 이러한 마음을 잊지 못할 것이다. 수천 파운드의 돈으로도 결코 그 한 개의 비스킷을 살 수 없을 것이다."

아주 단순한 기록이다. 영하 30℃ 이하의 추위속에서 거대한 빙벽 앞에서 수백억의 돈이 무슨 필요가 있을까? 비스킷 하나는 바로 생명 그 자체이기도 했던 것이다. 섀클턴은 조난후 가장 먼저 선장에게 지급되는 특식을 없앴고, 식량이 부족한 상황에서 자기 몫의 비스켓을 부하 대원에게 양보하고 성능좋은 침낭이 부하 대원들에게 돌아갈 수 있도록 제비뽑기로 정하는 등 사랑의 리더십을 보여주었다.

또한 대원 중 뒤쳐진 사람이 생겼을 때도 그를 포기하지 않고 직접 구출했으며, 목숨이 위험한 상황에서도 항상 대원들의 맨 앞에 섰다. 그의 헌신적인 리더십에 대원들은 서로를 신뢰하게 되었다. 또 대원들에게 다양한 게임과 운동을 시키고 각 대원들에게 구체적인 임무를 주어 바쁘게 생활하게 함으로써 절망할 틈을 주지 않았다.

마침내 그들을 둘러싼 커다란 얼음 덩어리가 움직이기 시작하자 섀클턴은 구조를 요청할 6명의 선발대를 결성하고, 구명보트 한척에 몸을 실은 선발대는 목숨을 건 항해 끝에 1,200km 떨어진 사우스 조지아섬에 도착하여 도끼 하나와 밧줄에 의지해 해발 3,000m의 빙산을 오르고, 배고픔과 추위속에서 36시간을 자지도 않고 걸어 마침내 구조요청을 할 수 있었다.

탐험대장 섀클턴과 인듀어런스 호 대원들이 남극의 빙벽에서 생존을 위해 사투를 벌이는 모습. 이들은 단 한 사람의 희생자도 없이 28명 전원이 무사 귀환했다(사진출처 : 구글이미지)

"드디어 해냈소... 한 사람도 잃지 않고, 우리는 지옥을 헤쳐나왔소."

1916년 10월 8일, 길고 길었던 섀클턴의 남극탐험은 탐험대장 섀클턴의 탁월한 리더십으로 추위와 굶주림의 극한상황을 이겨내고 28명의 대원 중 단 한 사람의 희생자도 없이 전원 무사 귀환했다. 처절한 시련을 겪은 인듀어런스 호의 대원들에게 유일한 축복이 있었다면 그건 바로 섀클턴의 부하였다는 점이다. 탐험 역사상 가장 위대했던 이 생존 드라마에서 섀클턴은 자신의 대원들과 늘 함께 했다. 이러한 것들이 그가 남극 탐험에는 실패했지만 1999년 영국 BBC가 선정한 인류 역사상 최고의 탐험가 10인 중 다섯번째로 이름을 올린 이유이기도 하다.

콜럼버스, 제임스 쿡, 닐 암스트롱, 마르코 폴로에 이어서!

MEN WANTED
for hazardous journey, small wages, bitter cold, long months of complete darkness, constant danger, safe return doubtful, honor and recognition in case of success.
Ernest Shackleton 4 Burlington st.

구인공고

대단히 위험한 탐험대에 동참할 사람을 구함

- 급여는 쥐꼬리만함
- 혹독한 추위와 암흑 같은 세계에서 여러 달을 보냄
- 탐험기간 동안 위험이 끊임 없이 계속됨
- 무사히 귀환한다는 보장 없음
- 성공할 경우엔 명예와 만인의 인정을 얻게 됨

남극탐험대 인듀어런스호

섀클턴이 당시 남극탐험대 대원을 모집하는 구인공고와 번역내용. 용기와 결단력, 성공할 경우의 명예와 자긍심을 강조했다(사진출처 : 구글이미지)

남극에 최초로 도달한 사람은 아문센이지만 탐험 과정에서 대원들을 버리고 베이스 캠프에 도착했고, 부대장인 요한슨과 불협화음을 보여 그를 자살로 몰아갔다는 평가를 받았다.

과연 누가 성공했고 누가 실패했다고 판단할 수 있겠는가?

과정보다 성과만이 중요시 되고 최고가 되는 리더만이 인정받는 분위기에서 섀클턴이 다시 재조명 받는 이유가 아닐까 싶다.

1920년 봄, 섀클턴은 다시 한번 극지방 탐험을 위해 퀘스트호를 타고 바다로 나갔다. 그의 네 번째 탐험이었다. 그러나 퀘스트호가 사우스조지아섬을 출발해 남극항해를 시작한 날밤, 섀클턴은 갑자기 심장발작을 일으켜 쓰러지고 말았다. 그의 마흔 여덟 번째 생일을 41일 남겨둔 날이었다. 섀클턴의 유해는 아내 에밀리의 뜻에 따라 5월 5일 노르웨이식 장례절차를 거쳐 사우스조지아섬 고래잡이배 선원들의 무덤옆에 안장되었다.

위대한 실패자 섀클턴의 삶은 우리에게 이렇게 말한다.

"실패를 두려워하지 마라. 살아있는 한 절망하지 마라."

리더십 이슈 Leadership Issues

섀클턴은 기계에 의한 탐험시대가 열리기전까지 순수한 인간의 힘만으로 탐험했던 고전적 탐험시대의 대미를 장식했다. 그의 탐험은 극지방의 중요성을 깨닫게 해주었으며, 사람들에게 용기와 결단력, 자긍심을 심어주었고, 무엇보다도 진정한 리더십이 무엇인지 몸소 보여줌으로써 위대한 인간으로 자리매김 되었다.

그의 리더십은 말 그대로 '서번트 리더십(Servant Leadership)'의 전형을 보여주는데, 이는 추종자의 성장을 도우며 팀워크와 공동체를 형성하는 리더십으로, 나보다는 남을 먼저 생각하고, 부하직원이나 종업원을 '부림의 대상'이 아니라 '섬김의 대상'으로 삼는 리더십이고, 다른 사람의 요구에 귀를 기울이는 하인이 결국은 모두를 이끄는 리더가 되는 리더십을 의미하며, 서번트 리더는 방향제시자, 파트너, 지원자의 세 가지 역할을 수행한다.

또한, 추종자들이 지도자의 뛰어난 자질과 능력에 따른 믿음에서 카리스마를 느끼고, 리더에 대한 부하들의 헌신과 리더의 신념에 대한 부하들의 믿음과의 관계에서 이루어지는 리더십인 '카리스마 리더십(Charisma Leadership)', 조직의 리더로 하여금 구성원들의 우수성을 이끌고, 구성원들에 대한 계속적인 격려, 지원, 강화를 통해 조직을 단결시키는 '피그말리온 리더십(Pygmalion Leadership)'을 보여준다.

* 평온한 바다는 결코 유능한 뱃사람을 만들 수 없다.
(A smooth sea never made a skillful mariner.) - 영국 속담 -

05

전략적 핵무기 통제와 핵 보복

✤ 핵무기 통제와 핵 억제력

'운명의 날 시계(Doomsday Clock)'는 핵전쟁 발발로 인한 지구의 종말을 자정으로 가정한 예고시계로 1947년 핵물리학자들에 의해 창안되었다.

미국의 월간 과학지 「Bulletin of the Atomic Scientists」의 표지 그림으로 실린 이 시계는 1947년 자정 7분 전으로 시작되어 1953년 소련이 수소폭탄을 개발했을 때는 2분 전, 1972년 미국과 소련이 전략무기 제한협정인 SALT Ⅰ에 서명했을 때는 12분 전으로 옮겨졌다가, 1983년말 미・소 군축회담의 결렬로 자정 3분 전까지 앞당겨졌으나 1991년 12월, 소련연방의 해체 등 동・서간 긴장완화로 자정 17분전으로 늦춰졌다.

최근에는 미・중, 미・러간 갈등과 북한 핵실험 그리고 지구의 기후변화 추세 등을 감안하여 2016년 1월 26일 자정 3분 전으로 유지되어 있다.

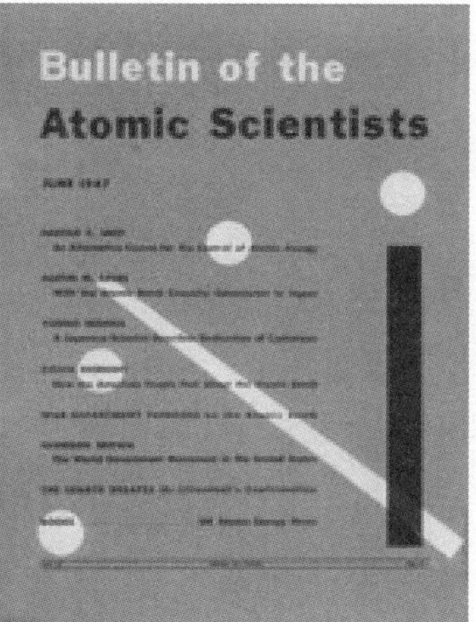

Bulletin of the
Atomic Scientists

지구의 종말을 자정으로 가정한 예고시계 '운명의 날 시계(Doomsday Clock)'와 이를 언급한 미 과학지. 핵전쟁, 지구환경변화 등 요인으로 인한 지구의 종말을 경고한다(사진출처 : 구글이미지)

이러한 운명의 날 시계가 어느 때보다 제3차 세계대전에 가까이 갔던 위기의 순간들이 있었는데, 그 중 하나가 1962년의 쿠바 핵미사일 위기상황이다. 이 사건은 국제정치학에서도 두고두고 회자되는 사건으로, 미국 바로 밑에 위치해 있는 쿠바에 소련이 핵미사일을 선박으로 실어서 배치하려하고 미국이 항공모함 함대를 동원하여 해협을 봉쇄함으로써 제3차 세계대전까지 갈 뻔한 사건이다.

소련이 쿠바에 핵미사일을 배치하려고 한데는 여러 이해관계가 얽혀 있었다. 미국은 소련의 턱밑에 있는 터키에 모스크바까지 사정거리가 닿는 쥬피터 핵미사일을 배치했고, 미국이 쿠바를 침공한 피그스만 사건을 겪은 피델 카스트로가 소련을 끌어들여 미국을 견제하기 위해 소련에 중거리탄도탄 배치를 요청한 것이다.

당시 소련과 미국의 핵무기 보유 차이는 소련이 잠수함 발사 탄도 유도탄(SLBM)과 대륙간 탄도 유도탄(ICBM)을 합쳐 고작 66기를 보유한데 반해, 미국이 투발가능한 핵탄두의 숫자는 약 1,830기 정도였다. 터키의 핵미사일과 미국과 핵무기 차이에 쪼들리던 소련은 결국 이를 뒤집을 수 있는 쿠바의 달콤한 제안을 받아들이게 된 것이다.

10월 24일, 케네디 대통령은 전군에 데프콘-3를 발령하고 아울러 항공모함 8척을 포함, 무려 90여척의 대규모 함대를 집결시켜 쿠바의 모든 영해를 봉쇄한 후 카리브해로 미사일기지 건설자재를 싣고오는 모든 선박에 대한 강제수색 명령을 내리고 이를 거부할 시 격침시키라는 초강수를 둔다.

흐루쇼프 서기장은 미국의 쿠바 봉쇄를 '해적 행위'라고 강하게 비난하며, 미사일 부품과 기술자를 태운 20척의 자국선박에 이 조치를 무시하고 핵잠수함 6척의 호위 하에 정선명령 해역으로 강행 진입하라는 명령을 내린다.

소련이 쿠바에 배치한 중거리 탄도탄의 피해반경이 표시된 지도와 실제 중거리 탄도탄의 모습. 미·소간의 실제 핵전쟁 위기로 "잠시동안이나마 세상이 멈춰있었던" 순간이었다(사진출처 : 구글이미지)

미국의 학교와 직장에서는 전쟁에 대비한 훈련을 하고 방공호를 준비하는 등 짙은 전운이 감돌았고, 일촉즉발의 긴장감이 조성되었다. 이때의 상황은 그야말로 '내일이 오지 않았으면 좋겠다'는 생각이 절로 드는 순간으로 묘사된다. 당시 미국의 국방장관이었던 맥나마라(Robert S. McNamara)는 그의 회고록에서 그 날 저녁을 다음과 같이 기억한다. "회의를 마치고 백악관을 나설 때, 노을이 드리워진 아름다운 가을 저녁이었다. 그러나 곧 다음주 토요일 밤에는 아마도 살아있지 못할 것이라는 두려움이 밀려왔다."

미·소간 치킨게임의 형국이 되었던 이 대결은 결국 미국의 영해봉쇄를 뚫기에 해군력이 부족했던 소련이 터키에 배치된 미국 핵미사일을 철수시키는 조건으로 미국과 타협을 하게 되었다. 케네디 대통령도 "잠시 동안이나마 세상은 멈춰있었다."고 말했을 정도로 긴장감이 팽만했던 순간이었다.

나중에 알려진 사실이지만 당시 미국에 포위되었던 소련 잠수함의 함장은 이미 전쟁이 시작된 것으로 착각하고 잠수함의 핵어뢰로 반격할 것을 명령했는데, 잠수함내에 3명의 장교 모두가 만장일치로 동의해야 핵 어뢰를 발사할 수 있었던 상황에서 아르키포프라는 한 장교가 크렘린의 명령을 기다리자고 하며 동의하지 않음으로서 핵무기가 사용되지 않았다.

전문가들은 만약 당시 핵전쟁이 벌어졌다면 6분 내에 2,500km 반경의 미국 본토가 초토화되었으며, 미국과 소련 양국에서 각각 1억 명, 유럽에서도 수백만 명이 목숨을 잃었을 것이라고 추정한다. 최근 발간된 리처드 로즈의 논픽션 '수소폭탄 만들기'에 따르면 당시 미국의 전략공군사령부가 소련에 7,000메가톤의 핵폭탄을 투발하는 구상을 했던 사실이 공개되었다.

두 번째 위기의 상황으로, 1983년 9월 26일 0시, 갑자기 소련의 핵전쟁 관제센터에서 비상경보가 울렸다. 인공위성으로부터 '미국이 대륙간 탄도 유도탄(ICBM) 1발을 소련으로 발사했다'는 경보가 전달되었기 때문이었다. 얼마 지나지 않아 미국이 발사한 ICBM의 숫자는 5발로 늘어났다. 그때 당시의 상황은 미국과 서방국가들이 '에이블 아쳐'라는 훈련을 하고 있었고 레이건 대통령이 소련을 '악의 제국'으로 비판했으며 한국의 민항기가 소련 공군에 의해 격추당했던 시기였다.

소련은 '에이블 아쳐' 훈련을 빌미로 서방국가들이 소련에 선제공격을 할까봐 그들을 예의 주시하고 있었고, 유리 안드로포프 서기장의 병세가 극심하여 소련 군부와 정치국의 신경이 곤두서 있었다. 이러한 상황에서 핵미사일 발사 경보가 나오자 관제센터는 비상사태에 돌입했고, 소련의 모든 핵미사일 사일로와 이동식 발사대에 경보가 걸렸다.

당시 관제센터의 당직이었던 '스타니슬라프 페트로프' 공군 중령은 핵전쟁의 모든 권한을 떠안고 있는 상황이었다. 경보는 울리고 있었고, 그의 눈앞에서는 핵전쟁 개시 버튼이 깜박거렸다. 그러나 그는 냉정한 판단력으로 "만약 미국이 정말로 핵전쟁을 시작한다면 모든 ICBM을 함께 발사할 것이다. 그러나 지금 컴퓨터는 겨우 5개의 ICBM만을 잡아냈다. 이건 분명 컴퓨터의 오류이거나 탐지용 인공위성의 오류일 것이다."라고 판단하고 핵전쟁 취소코드를 입력한

다음, 상부에 "컴퓨터의 오류인 듯하다."라고 보고했다. 몇 시간 동안 긴장이 흐르고 나중에 확인해보니 인공위성이 햇빛을 ICBM의 발사섬광으로 오인하고 핵공격이 감지되었다고 경보를 보낸 것으로 밝혀졌다.

페트로프 중령의 냉정한 판단력이 핵전쟁을 막아냈고, 만일 그가 오판을 했다면 세계의 역사는 1983년 9월에서 끝났을 것이다. 소련 군부는 이러한 사실을 기밀로 부치고 페트로프 중령을 군에서 추방했지만, 냉전의 종식과 더불어 소비에트 연방이 해체되자, 페트로프 중령의 업적이 뒤늦게 알려지면서, UN에서는 그에게 '세계 시민상'을 수여하였다.

핵을 보유한 국가는 핵 무기 공격수단으로 '핵무기 3대 지주(Triads)'로 불리는 대륙간 탄도 유도탄(ICBM, Intercontinental Ballistic Missile), 전략 폭격기(Strategic Bomber), 잠수함 발사 탄도 유도탄(SLBM, Submarine Launched Ballistic Missile) 등 3가지의 수단을 갖추고 상대국과의 핵전쟁에 대비한다. 이들 3가지 수단중에 ICBM이나 전략 폭격기는 상대국의 레이더 추적이나 항공기 요격에 노출되어 핵공격이 실패할 수 있으나, SLBM의 경우 잠수함은 바다 속에서는 탐지 자체가 불가능하여 끝까지 살아남아서 핵보복을 할 수 있다는 측면에서 가장 위협적인 수단으로 여겨진다.

만일 적이 핵 공격을 가해올 경우, 적의 핵 미사일 등이 도달하기 전에 또는 핵 공격을 받은 후에 생존해 있는 핵 전력을 이용해 상대편을 전멸시키는 핵 보복 전략을 가지고 있는데, 이를 '상호확증파괴(MAD, Mutual Assured Destruction) 전략'이라 한다.

'상호필멸전략'이라고도 불리는 이 전략은 1960년대 이후 미국이 소련에 대해 구사해 온 핵 억제전략의 중추개념으로, 1950년대 말 미국의 아이젠하워 대통령에 의해 처음으로 채택되었다. 이는 미국이 봉쇄전략과 대량보복전략에 이어 채택한 전략개념으로, 선제공격으로 완전한 승리를 얻기보다는 핵무기를 사용하지 않기 위해 행하는 전략, 즉 핵전쟁이 일어나면 누구도 승리할 수 없다는 전제 아래 행하는 핵 억제전략이다.

적이 핵공격을 가해 올 경우 효과적인 핵 보복을 위해 개발된 핵 미사일의 탄두. 다탄두 핵 미사일은 적국 상공에서 각개 탄두로 분리되어 여러 개의 표적을 동시에 타격한다(사진출처 : 구글이미지)

1970년대 초까지는 소련의 전략 핵 능력이 향상되어 미·소간에 전략 핵 전력의 '대략적인 균등(rough parity)'이 이루어진 결과, 양국 모두 확증파괴능력을 갖게되어 서로 억제할 수 있는 '상호확증파괴(MAD)' 상황이 만들어졌다.

이후 미국은 상호확증파괴(MAD)의 상황을 유지함으로써 미·소간 전면 핵전쟁은 충분히 회피할 수 있다는 견해와 소련에 대한 핵 우위를 실현하여 상호확증파괴의 상황을 타파하지 않으면 미국의 안전을 충분히 보장할 수 없다는 견해가 대립하기도 하였다.

'상호확증파괴(MAD)' 전략은 발전을 거듭하여 소련의 흐루쇼프가 기습공격의 중요성을 강조하는 '선제예방전략'으로 대응하였고, 미국은 다시 이 전략의 취약점을 보완해 전면 핵전쟁을 하지 않으면서도 전쟁목적을 최대한 달성할 수 있는 '유연반응전략(flexible response strategy)'으로 대응하였다.

이어 1970년대에 들어서면서 미국이 다시 '유연목표전략(flexible targeting strategy)'으로 개념을 바꾸자, 소련도 1970년대 말부터 상호확증파괴(MAD)전략을 인정하고 1979년 전략무기 제한협정(SALT I)의 유효기간을 연장하는 데 합의하였다.

핵 보유국의 공격 및 보복수단인 '핵무기 3대 지주(Triads)'. 왼쪽부터 대륙간 탄도유도탄(ICBM), 잠수함 발사 탄도유도탄(SLBM), 전략 폭격기(Strategic Bomber)(사진출처 : 구글이미지)

이후 1991년 소련이 붕괴될 때까지 '상호확증파괴(MAD)'는 냉전시대의 핵 억제전략으로서 미·소간 핵전쟁을 억제하는 데 중요한 기능을 하였다. 그러나 2000년 11월 조지 부시(George W. Bush)가 대통령에 당선된 뒤, 미국은 2001년 핵 태세 검토 보고서(NPR, Nuclear Posture Review)를 발간해 기존의 핵 억제 전략인 '상호확증파괴(MAD)'를 버리고 보다 적극적인 전략으로 '미사일방어체제(MD, Missile Defense)' 전략을 발전시켰는데, 이는 적국이 미국 본토를 향해 발사한 미사일을 공중에서 요격해 파괴한다는 방어전략 개념으로, 지난 1983년 로널드 레이건 대통령 시절 적이 발사한 핵, 생화학 탄두탑재 미사일을 우주에서 요격하여 파괴한다는 '전략방위구상(SDI, Strategic Defense Initiative)', 일명 '스타워즈'로 불린 미사일 방어계획을 구체화한 것이라 볼 수 있다.

이 계획은 조지 부시(George H. W. Bush) 행정부에서 '전 지구적 제한공격 방어(GPALS) 계획', 빌 클린턴 행정부에서 '전역미사일방어(TMD)' 및 '국가미사일방어(NMD) 계획' 등으로 명칭이 바뀐 뒤 조지 부시(George W. Bush) 행정부에서 다시 기존의 '국가미사일방어(NMD, National Missile Defence)체제'에서 '국가(National)'를 빼고 방어망 개념을 확대한 것이다.

'국가미사일방어(NMD)체제'가 북한, 이라크 등 '불량국가'들에 의한 소규모 미사일 공격에서 미국 본토를 방위하기 위한 지상방어시스템이라면, '미사일방어(MD)체제'는 미국 본토와 해외 미군기지, 동맹국들을 동시에 방위하는 개념으로 지상・해상・공중 요격시스템이 모두 포함된다.

미군 탄도미사일 요격체계(MD)의 핵심전력인 '사드(THAAD)' 발사대와 레이더. '사드'체계는 핵 미사일을 효과적으로 방어할 수 있는 수단이며, 사드체계전용 X-밴드 레이더(우측사진)는 탐지거리가 1,000~2,000km에 달한다(사진출처 : 구글이미지)

'사드(THAAD, Terminal High Altitude Area Defense)'는 미국의 탄도미사일 요격체계(MD)의 핵심전력 중 하나로, '고고도 미사일 방어체계'로 번역하며, 적의 핵탄도미사일이 발사됐을 때 인공위성과 지상 레이더에서 수신한 정보를 바탕으로 요격미사일을 발사시켜 종말단계인 40~150km의 높은 고도에서 직접 충돌하여 파괴하도록 설계되었다.

리더십 이슈 Leadership Issues

전략적 핵무기의 통제와 핵보복 전략은 '핵무기는 사용하기 위해 생산하는 것이 아니라 사용하지 않기 위해 생산하는 억제 무기'라는 매우 역설적인 개념하에 상대국의 국민과 사회 그 자체를 볼모로 삼는 도시대응 무기전략으로 발전했다.

이러한 전략에는 합리적이고 이성적인 리더라면 상호 전멸을 의미하는 핵 공격을 감행할 수는 없을 것이라는 논리가 바탕이 되어 있다고 볼 수 있다.

그러나 리더가 핵 공격 의도를 가지고 있지 않더라도 핵 통제 컴퓨터의 실수, 테러집단에 의한 핵 입수, 과대망상증에 걸린 핵 종사자 등에 의한 핵전쟁 유발 가능성에 대한 대책은 아직도 과제로 남아 있다.

이러한 상황에서 리더는 구성원에게 역할과 권한을 명확히 부여하고, 업무수행방법을 제시하며, 업무와 목표를 명확히 할당하여 구조화하고, 빠른 업무추진을 위해 명확한 업무분장과 체계적인 커뮤니케이션을 강조하는 '지시적 리더십(Directive Leadership)'을 통해 기대 목표 Deadline 업무수행방식을 명확히 제시할 필요가 있다.

또한, 전 인류의 안전을 책임지는 신중한 결심과 판단을 위해 도덕적 추론의 원칙에 의해 행위가 안내되고 고취되도록 하고, 도덕적 행위가 어떤 조직의 통제나 도구적 수단이 아닌 '조직변화'와 '조직의 궁극적 목적이나 가치'와 연계되도록 '도덕 리더십(Moral Leadership)'을 발휘하여야 할 것으로 사료된다.

* 현명해지기란 무척 쉽다.
그저 머리 속에 떠오른 말 중에 바보 같다고 생각되는 말을 하지 않으면 된다. - 샘 레븐슨(Sam Levenson) -

원세개의 빠른 결심과 신속한 판단

군사적 위기 시에 '빠른 결심'과 '신속한 판단'이 얼마나 중요한가를 제시해주는 사례가 있다. 우리에겐 치욕적인 역사의 일부분이지만 필히 되새겨 보면서 뼈아픈 교훈으로 새겨둬야 할 것이다.

구한말 조선 조정의 권력 다툼과 이권투쟁의 소용돌이 와중에 구식군대에 의해 임오군란이 일어나자 대원군이 다시 입궐해 정권을 잡았으나 33일 만에 하야하고 말았다. 3척의 군함과 4000여 명의 병력을 파견한 청군에 의해 서울이 장악된 뒤 대원군은 청으로 압송됐다. 이후 한반도의 종주권을 강화한 청국과 일본이 힘겨루기에 들어갔고 청은 '원세개'의 군대를 서울에 주둔시킨 채 내정간섭을 계속했다.

2년 뒤, 일본의 지원을 받은 개화파 세력에 의해 갑신정변이 일어나자 당시 25세의 새파란 애송이였던 '원세개'는 사태를 파악한 후 병력을 투입해 정변세력을 제압하기 위해 매우 신속하게 판단을 내리고 이를 과감하게 실행에 옮겼다.

본국의 허가를 받고 병력을 출동시키려면 당시 청나라 천진과 인천을 오가는 북양함대의 군함을 통해 보고하고 허락받는 절차를 밟아야만 하는 상황이었다. 그러나 그 사이 일본군에 의해 조선의 조정이 장악될 것으로 판단한 '원세개'는 상부의 승인을 받고 난 후 병력을 움직이자는 직속상관 '오조유'를 설득해 정변 발생 나흘째에 병력 800명을 동원해 개화파가 머물던 창덕궁을 급습해 쳐들어갔다.

머뭇거리던 '오조유'도 500명의 병력으로 합세해 갑신정변은 사흘만에 진압됐다. 이러한 갑신정변 진압은 후일 '원세개'가 청나라의 황제까지 오르는 기반이 됐다.

한편 갑신정변을 일으킨 개화파의 배후에 있던 44세의 '다케조에' 일본공사는 '원세개'가 창덕궁 공격을 감행하자 이에 대항해 정면대결로 승부를 걸어야 했으나 병력동원 여부를 상부에 보고해 결재를 기다리며 머뭇거리다가 일본 경비대를 철수시켰다. 이에 따라 갑신정변은 3일 천하로 끝나고 한반도에서 일본의 영향력이 현저히 감소하는 결과를 가져왔다.

한학자 출신이었던 '다케조에'는 격식과 절차를 중시해 위급한 상황에서조차 신속한 결심을 하지 못했으나, 10대 후반부터 사격을 잘했고 여차하면 사람을 죽여 버릴 수 있는 과단성을 보유했던 '원세개'에게 기선을 제압당하고 선제권을 빼앗기고 만 것이다.

구한말 상무정신이 퇴색하면서 나라의 힘이 없어져 외세에 의해 국가의 운명이 좌지우지됐던 무기력한 역사를 안타깝게 되새겨 보며 다시 한번 '빠른 결심'과 '신속한 판단'의 중요성을 재인식해 소중한 교훈으로 삼아야 할 것이다.

마키아벨리적 자주국방의 사상과 가치

이탈리아의 정치사상가 마키아벨리는 오늘날까지 '세상에서 가장 위험한 현자'로 불린다. '군주론', '로마사 논고', '전쟁의 기술' 등 불후의 명저를 남긴 그는 젊은 나이에 도시국가 피렌체 행정부의 고위관리로 발탁돼 외교 및 전쟁업무를 맡아보면서 국가를 통솔하기 위한 지도자의 덕망을 논할 정도의 혜안을 갖게 됐다. 그는 이를 통해 한 국가를 다스리는 지도자가 갖춰야 할 덕목과 국민을 통솔하는 방법을 자세한 기록으로 남겨 놓았다.

위대한 고대 로마의 영광을 뒤로한 채 수많은 도시국가로 분열돼 서로 전쟁과 분열을 거듭해 왔던 15세기경 중세 이탈리아는 피렌체・로마・베네치아 같은 도시국가를 기반으로 교황권과 황제권력의 충돌 등 이합집산과 갈등을 거듭하고 있었다.

이런 환경에서 도시국가들은 국제무역과 은행업, 모직산업 등으로 경제관념이 발전하면서 부를 축적하고 있었지만 '엄청난 비용을 들여 군대를 유지하는 것은 낭비'라는 시각이 지배적이었다.

특히 '노동과 산업에 종사할 시민이 군대에 징집돼 시간을 낭비하는 것은 어리석은 짓'이라고 믿었다. 그 결과 용병부대가 국가 간의 전쟁을 대신해주며 돈을 벌어들였고, 소국의 영주들은 자국의 방어에 만족하는 것이 아니라 아예 다른 도시국가 간의 전쟁을 이용해 돈벌이를 했다. 심지어 용병이 부족하면 알프스 산맥 너머에서 추가 병력을 고용하기도 했고, 더욱 부족하면 멀리 영국에서부터 용병부대가 내려오기도 했다. 당시 유럽에서 유일하게 프랑스가 가장 먼저 중앙집권국가로 발돋움하면서 자국의 군대를 조직해 사사로운 무력사용을 통제하고 있었다.

마키아벨리는 '피렌체'와 용병계약을 맺고 있던 소국 '피옴비노'와 용병료를 올려달라는 협상을 하면서 용병은 언제나 전쟁에서 최선을 다해 싸우지 않는다는 용병제도의 문제점을 깊이 인식하고 용병과 원군이 얼마나 무가치하며 자국의 군대가 얼마나 값진 것인지에 대해서 확고한 믿음을 갖게 됐다. 특히 도시국가 '피사'와의 전쟁을 수행하면서 용병부대의 어이없는 판단으로 승리를 놓쳤을 때 마키아벨리는 다시 '자신의 힘으로 무장하지 못하고 용병이라는 외부의 힘에 의존해 있는 국가는 늘 궁지에 처하게 된다'는 사실을 뼈저리게 통감하게 된다.

신성로마제국의 군대가 이탈리아를 공격해 왔을 때 다시 공직에 임명된 말년의 마키아벨리는 강대국으로부터 약소국가인 조국 피렌체를 구하기 위해 방어성벽을 구축하고 선제공격을 주장했다. 하지만 지도부의 나약한 정책으로 뜻을 이루지 못하고 쓸쓸히 퇴장하며 다시 한번 강력한 자국의 국방력만이 국가를 존재하게 해준다는 변치 않는 교훈을 던져주고 있다.

· 2 ·

아쉬움을 남긴 리더십

무슨 일이든지 끝난 뒤에는 누구나 현명해질 수 있다.
그 일을 어떻게 했어야 했는지 누구나 알 수 있다.
그러나 일을 시작하기 전에는 아무도 어떻게 해야될지 모른다.
지도자를 비평하는 것은 쉬운 일이다.
바로 이럴 때 지도자는 행동하지 않으면 안되는 것이다.

\- O. 할레스비(노르웨이 신학자, 1879~1961)

01

공산주의자들은 어떻게 협상하는가?

❖ 한국전쟁 휴전협정

“이 제국주의자 심부름꾼들은 초상집의 개만도 못한 자들입니다.”
휴전협상 초기 북한측 대표 김상조는 우리들이 있는 테이블쪽에서도 알아볼 수 있을 만큼 큰 글씨를 써서 남일에게 주었다. 한국대표인 백선엽 장군은 이를 간신히 참아내고 있었다.

60여년 전인 1953년 7월 27일, 판문점에서 서명된 한국전쟁의 정전협정에서 유엔군측의 수석대표였던 조이(C. Turner Joy) 미 해군중장은 길고 지루하게 이어졌던 협상에서 공산측이 구사한 비열하고 악랄한 협상전략과 전술을 예리하게 분석하여 『공산주의자들의 협상수법(How Communists Negotiate)』이라는 명저를 남겼다.

마치 판문점의 정전회담을 바로 앞에서 방청하고 있는 듯한 느낌을 받을 수 있는 이 저서는 어느 독자가 고인이 된 작가를 생각하면서 “무덤에서 외치는 소리”라고 표현했을 정도로 공산측을 상대로 취해졌던 유엔군측의 한심한 협상 대응을 질타하고 있다.

조이 제독은 한국전쟁 후반 정전협정 당시 미국이 심각한 군사작전 패배와 수많은 미군 사상자들의 발생에도 불구하고 중공의 영토와 군사시설들에 대한 보복을 자제함으로써 공산군의 무력행사 앞에서 전례없이 굴복한 것으로 평가했다. 또한 1951년 소련 외상이 정전협정을 제의했을 때, 즉각 정전을 위해 토의하겠다고 공산측에 라디오 방송을 통해 답신을 한 것이 대단히 성급한 조치였으며, 오히려 적이 정전을 청할 때 압력을 증가시키고 공격작전을 더욱 강화했어야 했다고 주장한다.

판문점에서 이루어진 정전협정 당시 회의장면과 군사분계선 획정 장면. 공산측은 고의로 회담을 지연시켰고, 중대한 의제를 협상하는 과정에서도 노골적인 거짓과 속임으로 일관했다(사진출처 : 구글이미지)

그는 정전회담시 서방세계의 가장 큰 실수는 '잘못된 양보'에서 출발했다고 보았다. 휴전협상이 시작되면서부터 공산측의 회담제의에 서둘러 반응한 점, 공산측이 회담장소를 일방적으로 개성으로 선정하도록 허용한 점, 공산측에 비행장 등 군사시설 건설문제를 양보한 점 등을 협상의 실패로 적시했고, 또 군사분계선 설정을 위한 협상시 다른 의제항목보다도 휴전선 획정을 위한 항목이 먼저 결정되도록 동의를 함으로써 그들의 전략에 말려드는 중대한 실수를 하였다고 분석했다.

또한 공산주의자들이 협상에 임하면서 저지르는 비열하고 사악한 술법으로 유리한 고지를 선점하는 무대설정, 가짜쟁점 끼워넣기, 논점회피, 위협, 진실부인 및 왜곡, 지연작전 및 피로유발, 장광설을 지루하게 늘어놓아 상대편의 진을 빼기, 말도 안되는 떼쓰기 등을 제시했다.

실제로 공산측은 '공산포로 심사 및 강제송환 금지' 의제로 가장 오랫동안 회담을 지연시켰고, '중립국 감독위원회 구성', '유엔군 은닉 포로 송환' 등의 중대한 의제 등을 협상하는 회담에서도 노골적인 거짓과 속임으로 일관했다.

정전협정 기간 중 공산측 관계자들이 문서에 서명하고 있는 장면과 남·북측 군사요원들이 설정된 군사분계선을 확인하고 있는 장면. 공산주의자에게 1인치를 양보하면 그들은 1마일을 빼앗으려 한다(사진출처 : 구글이미지)

조이 제독이 날카롭게 분석한 공산주의자들의 협상전술을 요약해 보면,

첫째, 그들은 결론이 담긴 의제를 제시한다.

협상이 개시되면 그들의 기본목적에 유리한 결론들로 구성된 의제를 찾는다. 그리고 자신들에게 일방적으로 유리한 내용을 협상의제로 제시해놓고 그 의제를 전제로 논의를 시작하자고 주장하는 것이다. 그것들은 속임수가 숨어있는 의제들이다.

둘째, 계산된 돌발 사건을 일으킨다.

그들은 협상을 자신들에게 유리하게 이끌거나 기본적인 선전 목적 또는 이 두 가지를 다 얻으려고 계산된 돌발 사건을 일으킨다. 예컨대 정전협상 당시 공산측은 유엔군이 중립지대인 개성지역에서 중공군 순찰대를 공격했다거나 유엔군 공군이 개성을 폭격했다고 날조했다.

셋째, 장애물을 조성하여 협상을 지연시킨다.

공산주의자들의 가장 중요한 협상전술 중 하나는 협상진행을 지연시키는 전술인데, 그들은 서구 사람들이 일단 일을 시작하면 그 일을 완성하려는 조급성을 최대한 이용하여 이득을 보려한다.

넷째, 합의를 의도적으로 위반하거나 파기하기 위한 술수를 획책한다.

협상을 하다보면 본의와는 달리 불만스러운 결과가 나오기 마련이다. 이 때문에 공산주의자들은 그들은 지금은 할 수 없이 합의를 하되 나중에 지키지 않거나 위반하려고 생각하는 약속은 가급적 적게 하는 방법을 찾는다.

다섯째, 거부권 행사와 논쟁 흐리기를 시도한다.

공산측은 자신들을 제한하게 될 합의사항을 회피하기 위해 모든 합의사항에 대해 집행기구에서 거부권을 갖도록 시도한다. 예를 들면, 중립국 감독위원회에 공산측 국가로 소련을 내세웠고, 유엔측이 이를 받아들이지 않자 그 대가로 자기들의 또 다른 요구를 관철시키려 했다.

여섯째, 진실을 왜곡하고 상대방의 양보를 악용한다.

공산주의자들이 진실에 대처하는 수법은 단 두 가지이다. 하나는 진실을 부정하는 것이고, 다른 하나는 진실을 왜곡하는 것이다. 그들은 전자보다 후자를 훨씬 즐겨 사용한다. 또한 공산주의자들은 상대방이 양보를 하면 이를 상대가 약하다는 징표로 보고 더욱 완강한 태도로 나온다. 서방 사람들은 자신들이 공산측의 제안을 일부 받아들이면 그들이 그에 상응하는 반응을 보일 것이라 기대한다. 그러나 결과는 정반대로, 오히려 그들은 더욱 공격적인 태도를 취하며, 이를 철저히 악용한다. 공산주의자에게 1인치를 양보하면 그들은 1마일을 빼앗으려 한다.

일곱째, 약속을 파기하고 상대방을 지치게 만든다.

공산주의자들은 이미 합의한 내용을 부인하면서도 전혀 부끄러워 하지 않는다. 그 합의가 문서화된 것일지라도 그들은 얼굴색하나 변하지 않고 이를 부인한다. 그런 경우에 그들은 아주 간단하게 말한다. "당신의 해석이 잘못 되었다"고. 어떤 합의가 공산주의자들에게 구속력을 가지는 것은 그것이 그들에게 유리하게 작용할 때 뿐이다.

조이 제독은 절규하듯이 반복해서 강조한다. 공산주의자들의 약속은 어떤 방식이든 절대로 믿지 말라. 공산주의자의 행동만을 믿어라. 공산주의자들이 이 모든 수법과 연계하여 늘 함께 쓰는 수법은 그들의 요구를 끊임없이 반복하는 책략이다. 끊임없이 물방울을 떨어뜨려 돌을 침식시키는 전략이다.

서방측은 오랫동안 속고 속는 시행착오 끝에 북한 공산주의자들의 의도를 알고는 있으나, 정치적·정파적인 이유 때문에, 사실상 자국의 이익과 거리가 있다고 판단하여 계속 당하고 있는 것이다.

휴전협정 최종 서명 장면과 분과별 회의 장면. 공산주의자들은 상대방이 양보를 하면 이를 상대가 약하다는 징표로 보고 더욱 공격적인 태도를 취한다(사진출처 : 구글이미지)

결국 공산주의와 협상에서 손해를 보지않기 위해서는 절대 어떠한 양보도 하지말고, 공산측 견해를 받아들이더라도 반드시 그에 대한 대가를 지불토록 해야하며, 설사 공산측이 논리적이고 옳은 해법을 제안한다 해도 이를 쉽게 받아들이면 상대방이 시간에 쫓기고 있다는 인상을 줄 수 있기 때문에 절대 서두르는 태도를 피해야 한다.

또 공산측이 원한다면 언제라도 협상을 종결하거나 연기할 의사가 있음을 분명히 보여주고, 합리적인 기간이 지나도 진전이 없으면 과감하게 협상을 중단하거나 종결지어야 한다고 주장한다. 공산주의자들이 장광설식으로 반복적인 발언을 할 때 감정적으로 대응하지 말고, 간결하고 적극적이며 품위있게 대응하는 것이 현명한 방법이라고 제시한다.

협상이론 전문가인 미국의 이클레(Fred C. Ikle) 박사는 "협상은 이해충돌이 있을 경우 공동이익의 교환이나 실천에 의사의 일치를 목적으로 분명하게 자신의 의사를 개진하는 과정"이라고 주장하며, "화해를 구하는 것은 역량을 비축하기 위한 수단이며, 평화는 전쟁 준비를 위한 일종의 휴식방법"이라고 역설하였다. 그러나 공산주의자들은 협상을 투쟁의 대체물로 보지 않고, 협상 자체가 다른 수단을 통한 투쟁이라고 보며 '이권에 관한 협정은 전쟁에 해당된다'고 보고 있다.

실제로 레닌은 "불가피한 상황에서는 어떠한 화해라도 맺을 가능성을 가져야 한다. 단 그것을 통해 이념적 원칙은 상실하지 않고 계급성에 충실하며 혁명과업을 잊지 않으며, 언젠가는 보고야말로 혁명의 기회에 대비해 힘을 쌓고 대중에게 혁명필승의 신념을 가르친다는 명분을 지켜야 한다"고 주장했다.

김일성의 경우 "대화건 협상이건 우리는 적을 날카롭게 공격해서 적을 궁지에 몰아넣는 혁명의 적극적인 공격형태로 생각해야 된다. 결국 협상은 혁명투쟁의 수단이다."고 말해 레닌과 똑같이 협상을 또 다른 혁명투쟁의 수단으로 인식하고 있다.

따라서 공산주의자들에게 협상이란 공산주의의 실현을 위한, 혹은 자본주의사회의 파괴를 위한 일시적이며 전술적인 수단에 지나지 않는다. 공산주의자들이 협상의 필요를 느낄 때는 공산당의 기도가 좌절될 때, 즉 혁명 퇴조기에 2보 전진을 위한 1보 후퇴로 시간을 벌거나 상대편을 기만할 필요가 있을 때 등이다.

1950년대 공산주의 국가의 기본전술로서 전시 게릴라전은 물론, 평시 외교전에서도 공산주의자들이 즐겨 사용하던 기본전술인 마오쩌둥(毛澤東)의 16자 전법은 다음과 같다.

적진아퇴(敵進我退, 적이 진격하면 물러선다)
적주아교(敵駐我攪, 적이 멈추면 교란한다)
적피아타(敵避我打, 적이 피하면 공격한다)
적퇴아추(敵退我追, 적이 물러나면 추격한다)

이는 중국의 고전 병법서인 손자병법을 당시의 국내외 상황에 대입하여 만든 통치, 외교정책의 기본전략으로 북한이 정권수립 후부터 현재까지 고수하고 있는 기본전술이다.

이러한 북한의 협상전술은 현재까지 이어져오고 있는데, 북한의 협상형태를 분석한 이론에 의하면, 먼저 협상 전단계에서는 유리한 협상환경과 의제모색을 위해 상대방이 원하는 방향으로 협상환경을 조성하는데 주력한다. 그들은 북한에 유리한 의제선정을 위해 노력하며, 초기단계에서는 높은 요구와 원칙 제시로 주도권 장악을 시도하는데, 처음에 최대한의 요구사항을 제시하고, 자신들의 제안을 먼저 논의하기를 요구하며, 추상적이고 일방적인 협상의 원칙을 제시하여 동의를 강요하는데, 이때에는 매우 공격적이고 비타협적으로 나오는 경향이 있다.

중간단계는 조작, 비공식 채널을 통해 타결내용과 방식을 모색하는 단계로, 새로운 요구사항을 증폭시키거나 새로운 이슈를 제기하고, 일부의제에 관한 합의를 하거나 합의의 틀을 제시하며, 의도적으로 계산된 벼랑 끝 전술을 사용하거나 비공식 접촉 또는 지연 전술을 사용한다.

최종단계는 합의나 거부를 위한 조치를 구체화하는 단계로, 협상대표들은 재량권이 거의 없어 평양에 의사를 타진하기 위해 협상을 중단하고 대기하기도 한다. 이들은 내부 선전·선동에 사용할 목적으로 모호하고 추상적인 내용을 담은 정치적 합의를 선호하고, 합의문 작성을 협상종결로 보지않고 합의사항 이행과정에서 새로운 요구를 제시한다.

이러한 공산주의 협상전략은 크고 작은 정전협정 위반사건, 대남대미 도발사건, 핵무기 개발 협상, 핵 및 미사일 발사실험이 있을 때마다 예외없이 쓰여왔고, 지금도 변함없이 사용되고 있다.

리더십 이슈 Leader ship Issues

북한 공산주의자들과의 협상에 임하는 Leader는 그들의 협상전술을 직접 경험한 조이 제독이 자신의 저서에서 상세하게 피력하고, 협상이론 전문가들이 지적하고 분석한 공산주의자들의 협상전술을 파악해야 한다. 공산주의자들이 습관적으로 사용하며 매우 전략적인 기교가 숨어있는 그들의 벼랑끝 전술, 막가파 전술, 김빼기 전술 등 교활한 전략 전술과 막무가내식 협상전략을 꿰뚫어 보는 혜안을 갖추어야 하며, 이를 통해 그들의 전략, 전술에 휘말리지 않도록 현명하고 지혜로운 대처가 필수적이다.

아울러, 이러한 공산주의자들과 협상 테이블에 마주할 때에는 경우에 따라서 '권위적 리더십(Authoritative Leadership)'을 보여줄 필요도 있는데, 권위적 리더는 공식적인 직위의 권력에 의존하고 주어진 과업의 수행에 높은 가치를 두는 리더로, 국가라는 조직이 전쟁이나 경제공황과 같은 일대 위기에 직면하게 된 상황이나, 아직 권위적 생활양식이 지배하고 있는 사회 등에서 가치를 발휘할 수 있다.

* 이 세상에 힘이 없는 평화는 존재하지 않는다.
평화는 힘에 의해서만 지켜질 수 있다. - 로널드 레이건 -

02

전쟁법과 양민학살 사건

❖ 미라이촌, 노근리 사건

전쟁이라는 혼란스럽고 불확실한 극한상황에서 상관의 명령에 복종하여 부여된 임무를 완수하는 것은 어떠한 명분보다도 숭고한 가치라 할 수 있다. 그러나 이러한 명령이 합법적이고 윤리적이지 못할 때는 커다란 문제가 제기될 수 있다.

직업군인은 자신들에게 부여된 권한을 사용함에 있어 그들을 지도할 윤리규범을 갖게 되며, 이 규범은 직업군인들로 하여금 유혹과 인간적 약점 그리고 부패에 굴복하지 않도록 해준다.

전투시에도 지휘통솔자의 윤리적 책임을 인간본성에 대한 이해에서 출발하여 조명해 볼 수 있는데, 이는 인간본성의 선행과 악행의 가능성, 억압과 슬픔이 두려움과 공포에 끼치는 영향 그리고 두려움과 공포가 임무수행에 미치는 영향 등을 고찰해 봄으로써 전투상황에서 발생하는 스트레스와 공포를 불식시키기 위해 지휘통솔자가 수행해야 할 윤리적 책임을 염출해 볼 수 있다.

또한, 전투시 지휘통솔자는 부대의 임무수행에 방해가 되는 악행을 규제하고, 임무수행에 도움이 되는 선행을 조장하며, 도덕적으로 옳은 일을 하고자 하나 불행하게도 유혹과 스트레스가 가중되는 상황에서, 무장해제된 포로나 무고한 민간인을 살해하는 만행이 자행되는 등 인간 본성에 내재한 악한 속성이 나타나는 경향이 있다.

대부분의 사람들은 평소에는 폭력과 살인을 혐오하지만, 전쟁과 같은 극한상황에서의 전투원들은 피로, 공포, 동료의 죽음과 더불어 스트레스, 불안, 분노 등의 감정에 빠져 자신의 안전과 생존에 대한 의지가 오히려 전쟁범죄로 간주되는 행위를 저지르게 되는 것이다.

미군의 경우, 최근에는 전쟁이나 분쟁의 양상이 현대화되고 크고 작은 전투에서 현지주민들과의 불필요한 충돌을 피하고 민심을 얻기 위해서 '교전규칙(ROE, Rules of Engagement)'이나 지휘관 지침서(Commander's Handbook)에 '전투 중 군사목표를 민간인으로부터 분리해야 하는 의무', '민간인을 군사작전의 위험으로부터 보호하기 위해 군사 목표물로부터 이격시키는 조치' 등에 관한 가이드라인을 세부적으로 명시하여 설정해 놓고 있다.

또한, 미 육군의 대표적 교범인 FM 100-5, 『Operations』에서는 전쟁에서 '인적요소', 즉 전사들이 육체적 역경을 견디어 낼 수 있도록 훈련되어야 하는 '육체적 측면'과 전장에서 겪게되는 심리적 스트레스를 해소하고 전투의지에 결정적인 영향을 미치는 '심리적 측면', 그리고 군인으로서 지녀야 할 바람직한 가치관과 행동규범이 어떠해야 하는지를 암시하는 '윤리적 측면' 등을 깊이있게 설명하고 있다.

특히, 윤리적 측면에 관해서 "국가는 미 육군이 직업군인으로서의 최상의 행동규범을 지키며 미국인의 가치체계의 이상을 반영하길 기대한다. 미국 국민은 미 육군이 수행하기로 맹세한 가장 핵심적인 내용, 즉 법에 대한 강한 존중, 인간의 존엄성과 개인의 제반 권리 등을 존중하는 우수한 자질의 군대를 요구한다. 미 육군의 부대들은 전장에서의 작전을 수행하는 어려운 환경에도 불구하고 장병들은 지상전에 관한 국제법을 준수하며, 민간인과 비전투원을 보호하고, 부수적인 피해를 줄이면서 사유재산을 존중해야 한다. 이때 모든 장병의 '진실성(integrity)'은 가장 중요하다. 지휘자(leader)는 모든 다른 개인적 문제보다도 임무에 우선을 둔 사심없고 윤리적인 행동으로 모범을 보여야 한다."고 언급하고 있다.

전장에서 양민을 학살한 대표적인 사건인 베트남전 미라이촌 사건은 베트남 전쟁이 한창인 1968년 3월 남베트남 미라이에서 미군에 의해 벌어진 민간인 대량학살 사건이다.

미 육군 23보병사단은 1968년 구정 대공세 기간 중 남베트남 민족해방전선으로부터 공격을 받았고, 미라이를 비롯한 여러 촌락이 민족해방전선의 수중으로 들어갔다. 미군은 이 촌락들에 대해 대대적인 반격을 결정하였다. 헨더슨 대령은 "거기 가서 확 쓸어버려"라고 지시하였고, 베이커 중령은 1대대에게 가옥을 불태우고, 가축을 죽이고, 농경지를 불사르고, 우물을 폐쇄하라고 명령하였다.

20연대 1대대 C중대 보병소대장 윌리엄 캘리(William Calley Jr.) 중위는 중대장 어니스트 메디나(Honest Medina) 대위로부터 장차 작전을 위해서 통과해야 하는 미라이(My Lai)지역의 모든 집과 농작물, 식량은 물론 거주민까지도 모두 불태우고 파괴해 버리라는 특수명령을 하달받았다.

미라이촌은 인구 약 400~700명의 베트콩 마을로 중대공격 당시 실제 베트콩은 그 마을을 떠나 피신해 있었으며, 민간인 부녀자, 어린이, 노인들이 마을에서 막 아침식사를 하려던 중이었다. C중대의 켈리 중위가 이끄는 1소대는 중대장 지시대로 미라이 촌을 공격하여 주민을 무차별 살상하고 전과를 보고하였다.

남베트남 미라이촌 양민학살 사건의 현장. 전투 중인 부대들은 지상전에 관한 국제법을 준수하며, 민간인과 비전투원을 보호하고, 사유재산을 존중해야 한다(사진출처 : 구글이미지)

베트남전에서 발생한 가장 잔혹한 전쟁범죄 중 하나로 기록된 이 사건은 347명에서 504명으로 추정되는 희생자가 모두 비무장 민간인이었으며, 상당수는 여성과 아동이었다.

이후 1969년 4월, 미 육군 범죄수사대에 의해 조사되었는데, 학살 관련자에 대한 조사과정에서 명령을 하달한 중대장과 지시된 명령을 수행한 소대장 사이에 증언이 엇갈렸고, 학살 관련자에 대한 처벌을 두고 미국내 여론이 찬반양론으로 첨예하게 대립하여, 군사

재판에서 소대장 켈리 중위만 민간인 22명을 살해한 혐의로 종신형을 선고받았고, 이후 감형되었다.

한국전쟁시 발생한 노근리 양민학살 사건 역시 참전 중인 미군에 의해 비무장 민간인이 학살된 사건으로, 1990년대 초 미군 참전자의 증언으로 한국전에서 발생한 전쟁범죄 중 하나로 부각되었다.

1950년 7월, 미 24사단은 제1기병사단에게 진지를 이양하고 사단을 재편성하여 김천, 대구지역으로 철수하였고, 7월 23일부터 7월 말까지 충북 영동-황간 지구는 미군과 인민군이 대치한 가운데 미군의 철수작전이 진행되고 있었다. 북한군이 피난민을 가장하여 아군 후방지역으로 침투, 포진지의 습격과 통로의 차단 등 교란을 획책하자, 미군은 정찰병력을 동원하여 피난민에 대한 검색을 철저히 하고 주간에만 지정된 통로를 사용토록 통제를 함으로써 피난민을 가장한 '제5열'(스파이부대)의 침투를 방지하려 하였다.

이 과정에서 노근리 지역 철로상으로 접근해오는 영동지역 주곡리, 임계리 등의 주민 약 500-600명의 피난민 집단이 제7기병연대 방어진지선 직전방으로 근접해오자, 미군은 이들 중에 북한군 게릴라가 포함되어 있을 것으로 판단하였고, 이들에게 피난길을 안내해 주겠다고 유인하여 국도를 따라 걸어서 노근리 지역까지 이르게 하고, 기찻길 위로 이끌어 소지품을 세밀히 검열하고 무전연락을 취한 직후, 뙤약볕 아래에서 더위에 시달리고 있던 피난민들에게 미군 전투기가 총격을 가했으며, 그 총격을 피해 철로밑의 터널 속으로 대피한 주민들에게 박격포와 기관총 총격을 가하여 민간인을 학살하였다.

노근리 양민학살 사건을 표현한 그림과 총격을 피해 주민들이 대피했던 철도 밑 터널 모습. 주변의 총탄흔적이 아직까지도 고스란히 남아 있다(사진출처 : 구글이미지)

노근리 사건은 당시 주민에 대해 포격 및 총격을 가한 부대가 미 제1기갑사단 7연대였던 것으로 추정되고, 7연대 출신 일부 참전용사가 현장에서 "모두 없애버려!"라는 명령을 들었다고 증언한 바 있으며, 이들은 당시 현장에 있던 중대장 챈들러(Melbourne Chandler) 대위가 무전을 통한후 항공기의 공격이 있었던 것으로 보아 연대본부와 사전 협의를 했을 것으로 주장하고 있다. 그러나 챈들러 대위는 1970년도에 이미 숨졌고, 다른 대대장교들 역시 전사했거나 사망했으며, 챈들러 대위의 상급부대를 지휘했던 허버트 헤이어 대령도 병상에 있으며 "아는게 없다."고 말하고 있는 등 명령의 하달과 수행계통이 정확히 파악되지 못하고 있는 실정이다.

그러나 지휘계통에 의한 사격명령의 하달여부가 증언자들의 증언 불일치로 결론에 이르지 못하였음에도 불구하고, 당시 미군은 전쟁수행과 직접관련이 없었던 피난민에 대해 공중공격을 가하였고, 이를 피해 쌍굴에 집결한 피난민들에게 사격을 가하여 사상자가 발생한 사실로 보아 적어도 윤리적 판단에 의한 명령하달 및 수행은 이루어지지 못했던 것으로 추정해 볼 수 있다.

리더십 이슈 Leadership Issues

'미라이촌 양민학살' 사건과 '노근리 양민학살' 사건은 전투시라 할지라도 예외없이 적용되어야 하는 지휘통솔자가 수행해야 할 윤리적 책임을 설명하고 있고, 전쟁범죄를 규정하고 있는 국제법을 준수하여야 할 의무를 제시하고 있다.

이는 전투시에 군 조직이 독점적인 폭력사용의 권한을 부여받았고, 고의적인 인명살상이나 건물, 시설의 대량파괴 등 행동이 허용된다 하더라도, 지휘통솔자가 윤리적 책임을 다해야 한다는 명제하에 전쟁과 같은 극한상황에서 무장해제된 포로나 무고한 양민을 살해하는 등의 행위는 전쟁범죄로 인정되어 국제법으로서 전쟁법이 유효하게 적용된다.

이러한 전장의 혼란스러운 상황에서도 지도자가 발휘해야 하는 대표적인 리더십으로 '도덕 리더십(Moral Leadership)'을 제시할 수 있는데, 이는 도덕적 추론의 원칙에 의해 행위가 안내되고 고취되도록 지시하는 리더십으로, 도덕적 행위가 어떤 조직의 통제나 도구적 수단이 아닌 조직변화와 조직의 궁극적 목적이나 가치와 연계될 때 더 큰 의의가 있다고 볼 수 있다.

* 전략은 시간과 공간을 사용하는 것이다. 우리는 잃어버린 공간을 찾을 수 있어도, 잃어버린 시간을 되찾을 수는 없다. - 나폴레옹 -

03

관료주의와 권위주의

✣ 미 우주왕복선 폭발사고

나폴레옹 시대부터 본격적으로 태동한 것으로 알려진 '관료제(Bureaucracy)'는 권위적인 위계질서를 바탕으로 명시적인 규범과 절차에 따라 대규모 조직을 합리적으로 관리하고 운영하는 체제를 말하며, 여러 가지 불합리성과 폐해에도 불구하고 대형 프로젝트를 수행하거나, 중요한 의사결정을 하는데 없어서는 안되는 시스템으로 나름대로의 이중성을 가지고 있다.

관료제는 한계를 설정하기 위해 있는 것이 아니라, 오히려 기본적인 구조와 명령체계를 형성하고 그를 통해 거대한 조직이 제 기능을 할 수 있도록 형성된 것이다. 어떠한 형태의 임무들은 거대하고 복잡한 조직만이 달성할 수 있다. 예를 들면, 작은 구멍가게가 대륙을 가로지르는 철도를 건설하거나 달에 착륙하거나 또는 패트리어트 미사일을 개발할 수는 없는 것이다. 그래서 복잡한 조직체들은 구조 형태, 즉 관료제를 필요로 하는 것이다.

전형적인 관료조직인 미 항공우주국(NASA)은 인류역사상 처음으로 인간을 달에 착륙시키는 등 역사적인 대규모 프로젝트들을 완벽하게 계획하여 성사시켰지만, 관료주의 본연의 한계를 나타내는 몇 가지 실수도 있었다. 다음은 그 예를 들어본 것이다.

우주왕복선(Space Shuttle, 또는 STS, Space Transportation System)은 우주와 지구를 반복해서 왕복운항할 수 있도록 설계된 우주선으로, 총 5기가 제작되어 1980년대 초반부터 우주비행 임무를 수행하다가 2011년 퇴역했다. 우주왕복선은 보통 5~7명의 우주인과 22,700킬로그램(50,000 lbs) 정도의 하중을 지구 저궤도로 실어 나르는 임무를 수행했고, 임무가 끝나면 지구 대기권에 재돌입하며 동력이 없는 채로 활공을 통해 감속 후 착륙하게 된다.

우주왕복선은 재사용이 가능하도록 설계되었고, 다양한 궤도로 많은 하중을 실어 나를 수 있으며, 국제우주정거장의 승무원을 교체해 주거나 수리하는 임무를 수행하기도 했다.

처음으로 완전하게 임무를 수행한 우주왕복선은 컬럼비아호로, 1981년 4월 12일, 유리 가가린의 우주 비행 20주년 기념일에 두 명의 승무원을 태우고 최초로 발사되었다. 챌린저호는 1982년 처음 임무를 수행하였으며, 디스커버리호는 1983년 11월, 애틀랜티스호는 1985년 4월에 각각 최초 임무를 수행하였다.

인데버호는 1986년 1월 챌린저 우주왕복선이 발사 직후 폭발하여, 7명의 승무원 전원이 사망한 사고가 일어난 후, 챌린저호를 대신하기 위해 1991년 5월 완성되었고, 2011년 7월 아틀란티스호 임무를 끝으로 우주왕복선 발사 프로그램은 종료되었다.

30여년간 우주왕복선 프로그램을 수행하면서 두 차례의 비극적인 사고가 발생하였는데, 1986년 1월에 발생한 챌린저호 폭발사건은 챌린저호가 발사된 후 73초만에 공중에서 폭발하여 선장 프랜시스 스코비와 최초의 민간인 여성 우주비행사인 고등학교 교사 샤론 C. 맥콜리프를 포함 우주인 7명이 전원 사망했으며, 발사장면과 폭발장면이 전세계에 TV로 생중계되고 있었기 때문에 많은 사람들에게 엄청난 충격을 주었다.

1986년 1월 발생한 우주왕복선 챌린저호 폭발장면. 챌린저호는 발사 후 73초만에 공중에서 폭발 우주인 7명이 전원 사망했으며, 당시 발사장면과 폭발장면이 전세계에 TV로 생중계되었다.

사고의 원인은 우측 고체연료 추진 부스터(SRB) 끝부분과 전방결합부분의 이음새 결함 때문으로 확인되었고, 이 사고로 미국의 우주개발 사업이 2년 8개월간 중단되기도 하였으나, 사고 후 윌리엄 로저스를 위원회 회장으로, 부회장에는 닐 암스트롱 그리고 리처드 파인만, 척 예거 등 과학자들이 참여하는 사고조사위원회가 구성되어 NASA에 대한 광범위한 진상조사에 들어가게 되었다.

사고의 직접적인 원인은 O-Ring의 결함에 의한 고체연료의 폭발이었으나, 사고조사 위원회는 좀 더 넓게 생각하여, 사고에 기인한 모든 영역에 대해 조사를 벌였다.

사고조사 과정에서 챌린저호 발사 전 NASA와의 회의 때, 우주왕복선 고체 로켓 부스터를 설계하고 제작한 '모튼 치오콜'사의 경험 많은 O-Ring 기술자는 당시의 비정상적으로 추운 날씨 때문에 O-Ring 부품이 딱딱하게 되어, 완전한 밀봉 역할을 하지 못할 것이라고 주장하며 발사를 취소하거나 일정을 조정해달라고 수차례 요청하였던 것으로 확인되었지만, 나사(NASA)와 '모튼 치오콜'사의 수석 관리자들은 그의 말을 무시하고 발사를 허가하였다.

그때 나사(NASA)에서는 하루밖에 남지않은 상황에서 발사를 연기할 과학적인 증거를 대라고 요청했으나, '치오콜'사의 직원들은 어떻게 하루만에 그 증거를 댈 수 있겠냐고 반발했고, 당시 '치오콜'사의 직원들의 데이터에는 이 O-Ring이 추운 날씨와의 상관관계를 입증할만한 충분한 자료를 갖고 있지 않았으나, 아이러니하게도 NASA 직원들은 추운날씨와 O-Ring의 상관관계에 대한 데이터를 가지고 있었다. 결국 얼어붙은 O-Ring이 제 역할을 하지못해 그 틈으로 새어나온 고온 고압의 연료에 불이 붙었고, 최악의 결과가 발생하고 말았던 것이다.

챌린저호는 추운 날씨와 그로 인한 연료계통 이상 등의 이유로 1월 22일부터 네 번이나 발사를 연기하게 된다. 막대한 예산이 투입된 만큼 안전을 이유로 발사를 연기한다는 접근은 좋은 시도였다.

그러나 몇 번의 발사 연기로 정부관계자 및 나사(NASA) 고위관계자들의 심정은 불안감과 초조함으로 이어지고, 당시 전 세계적인 이벤트였던 우주왕복선 발사를 제 시간에 못한다는 것 또한 미국의 과학기술 이미지에 타격이 있을 수밖에 없는 상황이 되었다.

또한, 당시 나사(NASA)의 의사결정 과정이 구조적으로 잘못되어 있었는데, 조직의 관료화로 엔지니어들의 자유로운 의사결정 과정에서의 탄력성을 잃어버렸던 것이다. 당시 나사 엔지니어들은 약 100만개가 넘는 우주 기술개발을 위한 사전 테스트가 반드시 필요한 상황이었으나, NASA 집행부는 완성된 물건을 가지고 역추적해나가는 방법으로 문제점을 고쳐 나가는 테스트 방식을 고수했다.

그러면 이 복잡한 각각의 기능적 연결에 따른 세부적인 결함을 찾을 수 없고, 나중에 더 많은 비용이 들 것이라고 엔지니어들이 항변을 했지만, 이미 이러한 의사결정구조로 만연된 NASA 집행부에서는 예산집행의 문제 등을 이유로 거부한 것이다. 이러한 사고조사 결과, 광범위한 후속조치가 이루어져 우주개발 프로젝트가 한 단계 발전하는 계기가 되었다.

2003년 2월 발생한 우주왕복선 컬럼비아호 폭발사건은 컬럼비아호가 지상에서 발사된 순간 외부 연료탱크의 단열재 하나가 떨어져 나가면서 기체의 왼쪽 날개를 타격, 작은 가루수준의 파편들이 목격되었으나, NASA에서는 별다른 조치를 하지 않았고, 컬럼비아호는 우주에서의 임무를 성공적으로 완수하고 지구로 귀환하는 과정에서 대기권에 진입하면서 기체가 폭발, 승무원 7명 전원이 사망한 사고였다.

사고당일 오전 9시가 조금 안 된 시각, 컬럼비아호는 플로리다의 케네디 우주공항센터에 착륙을 15분 앞두고 텍사스주 상공의 지구

대기권 60킬로미터 밖을 음속의 18배에 달하는 속도로 지나고 있었다. 그런데 갑자기 왕복선의 온도제어장치 기록이 지상 관제탑으로 수신되지 않으면서 약 7분간 왕복선의 비행기록이 소실되었다. 그와 동시에 텍사스주에서 굉음과 함께 엄청난 파편들이 상공에 날린다는 보고가 들어왔고, 컬럼비아호는 8만 4천개의 잔해로 변해 텍사스주와 루이지애나주에 파편을 흩뿌렸으며, 기상용 열 감지 레이더는 텍사스주 상공에서 굉장한 양의 열을 감지했다.

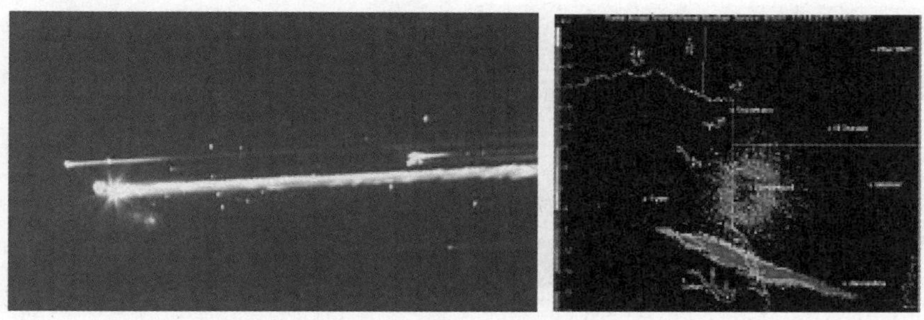

우주왕복선 컬럼비아호의 폭발장면(좌측사진)과 텍사스주와 루이지애나주에 흩뿌려진 컬럼비아호의 폭발잔해가 표시된 지도사진.

컬럼비아호 참사는 1986년 1월 28일에 발생한 챌린저호의 폭발과 1967년 1월 27일 아폴로에 생긴 화재로 목숨을 잃은 세 명의 우주 비행사를 기리는 NASA의 추모식을 일주일 정도 앞두고 발생했기 때문에, 이 참사는 더욱 큰 슬픔을 불러 일으켰다.

대참사 후 NASA는 컬럼비아호 사고조사위원회(CAIB, Columbia Accident Investigation Board)를 구성하여 퇴역 해군제독 헤럴드 W 게먼 주니어의 주도로 본격적인 조사에 들어갔다. 나사(NASA) 주도로 구성된 조사위는 위원회를 보좌하는 실무 전문인력만도 200명이 넘게 꾸려졌지만, 활동은 미국 정부기관의 입김에서 벗어나 철저하게 독립적으로 이루어졌다. 조사관들은 블랙박스를 통해 입수한 자료를 통해 이미 발사 당일부터 알고 있었던 외부 연료탱크의 단열재가 떨어져 나가면서 우주선의 왼쪽 날개를 강타한 것이 문제가 아닌지 의심했고, 이 부분은 대기권 재돌입 때가 아니라 비행 초기단계부터 온도상승의 초기 징후를 보였던 것으로 드러났다.

우주왕복선 컬럼비아호의 우주비행장면과 폭발사건 후 회수된 컬럼비아호 잔해를 본래의 위치에 놓은 모습.

조사관들은 2개월에 걸쳐 정밀조사를 했고, 단열재의 충격상황을 가능한 한 똑같이 만들어서 실험했다. 떨어진 단열재의 무게는 770g정도에 작은 서류가방 크기로 흔히 무시할 만 하다고 생각할 수준이었으나, 800km/h의 속도로 부딪쳤다면 날개에 큰 구멍을 낼 정도로 엄청난 피해를 주었던 것이다.

원래의 우주왕복선 명세서를 참고하면, 왕복선 본체의 단열 타일은 어떠한 파편에도 충돌되어서는 안된다고 되어 있었지만 이전에도 별다른 이유없이 단열타일이 떨어지는 것이 관측되어 왔기 때문에 시간이 지남에 따라 NASA 기술자들은 점차 타일의 피해에 무감각해졌는데, 이는 챌린저호 사고 당시 O-Ring의 부식이 받아들여진 것과 유사한 현상이었다.

컬럼비아호 사고조사 위원회는 이러한 현상을 '비정상의 일반화', 즉 '비정상적인 사건이 아직 재앙을 일으키지 않았다는 이유로 점차 익숙해지고 받아들여지는 현상'이라고 정의하였다. 사고조사 위원회는 6개월간 사고를 면밀히 분석하여 3,000여 쪽에 이르는 방대한 보고서를 만들어 냈고, 이 사고로 인해 우주왕복선 승무원들의 안전에 관한 조항이 대폭 강화되고, 승무원들의 안전이 최우선시 되도록 우주탐사계획의 새로운 변화가 일어났다.

당시 사고조사 보고서의 결론은 다음과 같았다.

첫째, 승무원 스스로 아무 것도 준비할 시간이 없었음.

둘째, 일부 승무원들은 안전장갑도 안전헬멧도 착용하지 않았음.

셋째, 이제부터 승무원들이 지구에 재 돌입시 충분한 시간을 주도록 할 것.

넷째, 승무원들의 안전벨트(멜빵식 안전띠)는 이번 사고시 제 역할을 하지 못했음. 추후 우주왕복선에는 모두 강력하게 업그레이드시킬 것.

다섯째, 미래에 있을 우주비행 승무원들의 생존에 대해서는 절대적으로 수동적인 매뉴얼에만 의존하지 말 것.

컬럼비아호 참사 원인을 분석한 후, 나사(NASA)는 우주선이 궤도에 올랐을 때 선체에 잠정적으로 심각한 위험을 끼칠 수 있는 문제를 감지하는 시스템을 도입했다.

한편, 컬럼비아호 사고 이후 바로 다음 우주왕복선 임무였던 디스커버리호에서도 컬럼비아호 당시와 비슷하게 단열재가 떨어져 나가는 장면이 포착되어 NASA 관계자들을 다시 한번 긴장시켰는데, NASA는 우주비행사들에게 선체의 모든 부분을 면밀하게 검사하도록 지시했고, 우주비행사가 우주유영을 통해 정밀하게 검사하여 단열재의 이상부분을 발견, 그 부분들을 성공적으로 수리하여 무사히 지구로 귀환할 수 있었다.

위 사례에서 언급된 두 번에 걸친 우주왕복선의 대형사고 이후, 미 항공우주국(NASA)에 대한 광범위한 조사결과, 두 사고의 원인이 되었던 구체적인 기술적 사항은 다르지만 관료화된 조직에 있어서의 문제는 놀라울 정도의 유사성을 보여주었던 것으로 나타났다.

첫째, 두 경우 모두 계획된 비행이 아니었다.

둘째, 초급 기술자들은 문제가 발생할 가능성에 대해 알고 있었지만, 이러한 염려가 수석 관리자에게 적절히 전달되지 못했다.

셋째, 기체는 이미 이상징후를 나타내고 있었으나, 관료적인 조직문화가 필요한 조치를 취하기 어렵게 하였다.

넷째, 수석 관리자는, 문제점이란 존재하기 때문에 발견되는 것이 아니라, 객관적으로 증명되지 않으면 존재하지 않는 것이라고 믿고 있었다.

우리는 관료주의와 권위주의의 경직성 때문에 발생할 수 있는 리더십의 문제점을 발견할 수 있는데, 리더에게는 항상 조직원들이 소신있게 의견을 피력하고, 언제라도 "No"라고 이야기할 수 있도록 충분히 유연하게 사고하고 경청할 수 있는 조직내 분위기가 만들어져 있어야 하며, 이는 매우 급박하고 여유롭지 않은 상황에서도 조직이 흔들리지 않고 중심을 잡을 수 있도록 도와준다고 볼 수 있다.

이를 위해서는 지도자가 조직 구성원들을 민주적인 과정과 절차에 의해 이끌어 나가고, 의사결정에 참여시키는 '민주적 리더십(Democratic Leadership)'과 구성원을 배려 존중하며, 친밀하게 다가가 구성원의 문제에 귀를 기울여 문제해결을 도와주고, 육성하며, 도움을 주려고 노력하는 '후원적 리더십(Supportive Leadership)'을 발휘하여야 한다. 나아가 의사결정과정에 구성원을 참여시키고 자율권을 부여함으로써, 구성원 스스로 문제를 해결하고 업무를 주도적으로 추진하도록 독려하는 '참여적 리더십(Participative Leadership)'까지 발휘하여, 의사결정시에는 구성원들과 개별 또는 그룹으로 논의하고, 구성원들에게 권한을 위임해주며, 구성원들과 공동으로 대안을 개발하는 방법까지 고려해 볼 수 있을 것이다.

*** 어떠한 명 참모라도 지휘관의 결단력 부족을 보좌할 수는 없다.**

- 클라우제비츠 -

Tips for fun

♣ 우주왕복선 발사와 관련된 NASA의 우주비행 전통 ♣

우주왕복선 선장은 식사를 마친뒤 우주선에 탑승하러 가기 전에 NASA의 탑승 준비팀 책임자와 카드게임을 한다. 탑승 준비팀 책임자가 질때까지(선장이 이길 때까지) 대원들은 이동차량에 타지 못한다.

♣ 1995년 우주왕복선 디스커버리호의 발사가 연기된 적이 있었는데, 이는 딱따구리 한 쌍이 우주선의 외부 연료탱크 단열재에 거의 200개나 되는 구멍을 뚫어 놓은 것이 그 이유였다.

그 이후로, NASA는 발사준비 기간중 우주선에 상용 올빼미 장식재 및 올빼미 모양의 공기 풍선을 설치해 둔다. 물론 발사 전에는 제거한다.

맹금류의 일종인 올빼미는 딱따구리의 천적이다.

04

미 귀환 군함 '푸에블로'호

✤ 푸에블로호 나포 사건

1960년대 중반의 한반도 정세는 북한군의 쉴틈없는 대남도발로 얼룩져 있었고, 이러한 남북간의 팽팽한 긴장은 일촉즉발의 위기를 예고하고 있었다.

북한의 대남도발은 1950년대 후반에는 C-46수송기 납북시도, 민항기 및 어선 납치사건, 동·서해안에서의 무장공비 침투사건 등 다양한 도발을 일삼았고, 1960년대에 들어서는 보다 직접적이고 과감한 침투 및 도발을 시도하다가 1960년대 말에 들어 노골적인 침투도발이 최고조에 달했다.

이러한 도발은 1966년 10월부터 비무장지대 주위에서 북한의 무장 침투 및 공격이 급증했는데, 1967년에는 미 2사단 막사를 폭파시키고 유엔사 전방기지 구역 안에서 작업하던 미군 공병단 막사를 공격하는 등 69회의 무장 공격으로 미군 16명과 한국군 115명이 사망했다.

1968년 1월 21일에는 북한군 특수부대 소속의 무장공비 31명이 청와대를 목표로 침투도발을 감행하였고, 바로 이틀 후에 미 정보함 푸에블로호를 나포한 사건이 발생하였다.

이는 유엔군사령부가 1.21사태의 진상을 파악하고 이에 대해 북한측에 항의하기 위해 3일 뒤인 1월 24일 판문점에서 군사정전위원회 회의를 갖기로 했는데, 회의가 열리기 하루 전인 1월 23일 미국에게는 더욱 심각한 푸에블로호 나포사건이 터진 것이다.

한반도에 전운이 감도는 상황에서 초현대식 전자 시스템을 갖추고 북한군의 동태를 정탐하던 미국 정보함이 북한군에 나포된 이 사건은 세계에서 가장 강한 미 해군 함정이, 그것도 소련이나 중국 같은 큰 나라가 아닌 '3등국도 못되는 북한'에 나포된 미 해군 역사상 106년만에 처음 있는 일이었다. 게다가 그 함정에는 미해군 장교 6명과 사병 75명, 민간인 2명을 포함해 83명이 타고 있었으니, 미국에게는 자국민들의 목숨까지 달린 중대한 사건이었다.

미해군 정보함 푸에블로호와 북한군에 나포된 푸에블로호 승조원들의 모습. 이 사건은 주한미군에 대한 북한군의 대표적인 도발공격으로 기록된다.

이 사건은 이듬해인 1969년 4월에 발생한 미 정찰기 EC-121기 격추사건과 더불어 주한미군에 대한 노골적인 도발공격으로 기록되는데, 미 정보함 푸에블로호는 1944년 미 육군에서 건조한 수송선으로 총배수량 900여 톤의 작은 선박을 미 해군에서 인수하여 정보수집함으로 개조한 것이었다.

당시 푸에블로호는 일본 사세보항을 출발하여 북한과 소련지역의 전자정보를 수집하고 청진, 원산 앞바다 공해상에서 적성국 함정들을 대상으로 함정 고유의 성문분석 수집 및 분석활동과 북한 해군활동을 조사한 후 다시 일본으로 돌아갈 계획이었다.

사건이 일어나자 미국은 국가안전보장회의(NSC)를 열어, 외교적으로는 유엔과 우방국들을 통해 북한에 압력을 가하는 한편, 군사적으로는 북한을 폭격하거나 봉쇄하든지 또는 공해상에서 북한 선박을 나포하거나 격침시키는 방안 등을 논의했다. 이어 베트남으로 향하던 '핵' 항공모함 엔터프라이즈(USS Enterprise)호와 두 척의 구축함을 원산 앞바다 근처로 파견하는 한편 핵폭탄을 탑재할 수 있는 B-52 전략 폭격기와 F-105 전투 폭격기 수십대를 미국과 일본에서 오산과 군산 공군기지로 옮기는 군사행동을 실행에 옮겼다.

미국과 북한은 1968년 2월 초부터 판문점에서 비공개 협상을 갖기 시작했는데, 미국은 그 함정이 북녘 해안에서 약 16마일이나 떨어진 '공해'상에 있었고, 대낮이었기 때문에 실수를 저지를 가능성은 1%도 되지 않는다며, 즉시 승무원들과 군함을 되돌려달라고 항의도 하고 위협도 했다.

이에 맞서 북한은 그 첩보선이 원산항 앞의 여도로부터 약 8마일 떨어진 '영해'에 불법으로 침입하여 북한군의 동태를 염탐했다며, 미국이 잘못을 인정하고 사과할 것을 주장했다.

북한은 나포 이틀만에 푸에블로호의 로이드 부커 함장과 함정내

간부들이 일본 사세보항을 출발하여 소련을 정탐하며 1백35회의 전파탐지활동을 벌인 후에 이북을 정탐하려던 과정에서 나포되었다고 자백하는 등 북한 영해를 침범하여 정탐 행위를 했다는 사실을 자백했다며 함장이 자백서에 서명하는 사진과 함께 공표했는데, 미국은 그것이 북측의 고문에 의한 자백일 것이라며 승무원들이 돌아온 뒤 객관적인 조사를 실시하여 미국의 잘못이 인정되면 '유감의 뜻'을 표명하겠다고 제안했다. 그러나 북한은 미국이 먼저 '사과'하면서 앞으로는 영해 침범을 하지 않겠다고 '담보'해야만 승무원들을 돌려보낼 수 있다고 못박았다.

결국, 미국은 북한과 28번의 회담 끝에 '북한영해 침범을 인정(admit)하고, 사과(apologize)하며, 재발방지를 약속(assure)한다'는 '3A'를 수용하는 내용의 북한작성 문건에 서명하기 전에 문서의 내용을 부인하는 성명을 발표하는 '이상한 합의' 끝에, 나포 335일만인 1968년 12월 23일 판문점을 통해 승무원 82명과 시신 1구가 송환되었다.

푸에블로호는 원산 앞바다에서 대동강변으로 옮겨져 현재까지 평양의 대동강변 전승기념관에 조성된 '반미 교양박물관'에 '대미(對美) 승리의 상징물'로 전시하고, 매년 사건 발생일을 전후해 주민들에게 푸에블로호를 견학시키며 반미 대결의식을 고취하고 있다. 이 사건 이후 북한은 대미관계에 있어 도발을 통해 위기를 조성하고, 승무원 등을 인질로 활용하여 관심을 유도하며, 협상과 보상을 요구하는 수법을 반복하며 푸에블로호의 경험을 활용하고 있다.

북한군에 나포된 푸에블로호가 원산 앞바다에서 평양 대동강변으로 옮겨져 있는 모습. '반미교양박물관'에 '대미(對美) 승리의 상징물'로 전시되어 주민들의 반미 대결의식을 고취하는데 활용되고 있다.

나포과정에서 푸에블로호 함장의 초기대응이 문제가 되었는데, 귀국 후 함장 부커 중령은 미 해군 군사법정에 불려나가, '목숨을 버리고 싸우지 않았다'는 이유에 대해, 당시 함정은 북한군이 미그기 2대를 출동시킨 가운데 4척의 순찰정으로 포위, 먼저 사격을 가해왔으며 인민군 해군 선발조 7명이 선박으로 뛰어 올랐고 이어 추가병력 34명 등 41명이 푸에블로호 선원 83명을 모두 체포, 50밀리 기관포 1정만을 갖고 있던 푸에블로호는 반격이 불가능한 상황에서 다른 북한 선박이 추가로 접근하자 부커 함장을 비롯한 푸에블로호 승무원들은 싸움을 포기하고 항복할 수밖에 없었다고 진술하였다.

또한, 이 과정에서 승무원 1명이 저항을 하다가 북한군의 총격으로 사망했는데, 일부 승무원들은 총격이 시작된 순간에 함장이 사격명령을 내렸다면 수적으로 우세했던 미군이 위기에서 벗어날 수도 있었을 것이라고 증언하였다. 일부에서는 만일 그들이 저항을 했었다면 북한군 해·공군의 공격으로 함정이 침몰하는 사태가 발생했을 수도 있다고 주장하기도 했다. 그러나 미 해군 입장에서는 해군의 전통상 그들이 순식간에 항복을 하고 순순히 포로가 되어 북한군에 협조했다는 것을 받아들이기 힘들어하고 있으며, 현재까지도 푸에블로호를 '미귀환 군함'으로 관리하고 있다.

한편, 사건 이후 확인된 바로는 나포사건 당시 군산에 위치한 미 공군기지에서 전투기를 원산항 해역으로 출격하여 푸에블로호를 위기에서 구하려는 시도를 했으나, 항공기에 무기를 장착하는데 30분 이상이 소요되어 출동시기를 놓쳤고, 이후 이러한 실수를 교훈 삼아 미 공군은 전투기에 미리 무기를 장착해 놓는 시스템을 구축한 것으로 전해진다.

리더십 이슈 Leadership Issues

푸에블로호 나포과정에서 함장의 나약한 리더십을 되짚어 볼 필요가 있는데, 사후에 미해군에서 지적한 부분은 초기 대응과정에서 함정의 승조원들이 가지고 있던 무기로 총격전을 벌였다면 숫적으로 우세했던 미군들이 북한군을 제압하고 공해상으로 빠져나올 수 있지 않았을까 하는 부분이었다. 함정에 있던 일부 수병들도 그 상황에서 누군가 권총 한발이라도 총을 발사했다면, 자신들도 일제히 총격전에 참가했을 것이라고 진술하기도 했다.

이러한 상황에서는 지도자의 뛰어난 자질과 능력에 따라 구성원들을 자발적으로 추종하게 만들고, 타인을 사로잡을 수 있는 특별한 능력을 소유한 '카리스마 리더십(Charisma Leadership)'이 절실히 요구되고, 함정내에 있던 승조원들도 '참여적 리더십(Participative Leadership)'의 추종자로써 구성원 스스로 문제를 해결하고 업무를 주도적으로 추진할 수 있는 능력을 갖추었어야 할 것이다.

* 부하의 잘못을 자기의 책임으로 돌리는 사람은 훌륭한 지도자이다. 어리석은 지도자는 자기 잘못까지 부하의 책임으로 돌린다.

- 주 세페마치니(이탈리아 혁명가) -

05

아프가니스탄의 외로운 생존자

❖ 론 서바이버(Lone Survivor)

전투에서의 순간적인 판단은 삶과 죽음을 쉽게 갈라놓는다.

올바른 판단은 성공적인 작전을 보장하지만 자칫 오판은 치명적인 화를 초래한다. 군인은 전투시에 우선되는 판단기준으로 교전수칙을 따른다. 그러나 돌발상황이 수시로 발생하는 전장에서 교전수칙으로 판단할 수 없는 경우가 생긴다.

역사상 전쟁터에서 적군과 민간인의 구분이 모호하여 민간인에 대한 공격으로 윤리적 문제를 야기한 사례가 종종 발생하기도 했는데, 현장에서 판단을 할 수 없으면 상부의 지시를 따라야 하나, 통신문제 등으로 연락이 두절된다면 결정은 더욱 어려워진다.

『론 서바이버(Lone Survivor)』는 미 최정예 부대인 '네이비 씰' 팀이 아프가니스탄의 적진에 침투하여 임무수행 중 민간인과 조우한 상황에서 교전수칙 준수와 인간적인 윤리문제 사이에서 고민하는 모습과 처절한 전투, 진한 동료애를 묘사한 헐리우드 영화로, 이 영화는 2005년 6월 실제로 아프카니스탄 전투에 투입되었던 네이비 씰 대원 4명이 수행했던 작전을 실감나게 묘사하여 평범한 삶을 살아가는 사람들에게 깊은 감명을 주기에 부족함이 없다.

영화 초반에서는 네이비 씰 대원들의 혹독한 훈련장면과 바그람 작전기지에서의 긴장과 여유를 보여준다. 이어 작전명 "레드 윙"으로 명명된 극비 작전을 수행하게 되는데, 이는 마이클 머피 대위와 정찰 부사관 매튜, 통신 부사관 대니, 의무 부사관겸 저격수 마커스 러트렐 하사 등 4명의 정예 대원이 미 해병대원들에 심대한 피해를 입힌 탈레반 지도자 '아마드 샤'를 체포하기 위해 나선 작전으로, 대원들은 탈레반 본거지 인근의 산악지대에 침투하여 은거해 있던 중, 산으로 올라온 마을 주민들인 양치기 일행과 조우하여 발견이 되고 이들을 체포하게 된다.

영화 '론 서바이버'에서 네이비 씰 대원들의 작전 수행장면. 탈레반 본거지에서 양치기 일행과 조우한 대원들은 이들을 처리하는데 있어 '윤리'와 '의무' 사이에서 고민한다(사진출처 : 구글이미지)

대원들은 '완벽한 작전을 위해 이들을 죽일 것인가? 아니면, 교전규칙(ROE, Rules of Engagement)에 명시된 대로 이들을 살려주고 작전을 포기할 것인가?' 고민을 거듭한 끝에 상부에 보고하고 지침을 따라야 하나 통신장비 이상으로 그마저도 여의치 않게 되자 '윤리'와 '의무' 사이에서 고민하던 대원들은 결국 이들을 살려주기로 한다.

이들은 작전취소를 본부에 보고하고 헬기로 구조요청을 해서 절차대로 부대복귀가 가능할 것이라고 판단했으나, 무전이 두절된 상황에서 이러한 선택은 그들에게 엄청난 비극을 초래하게 되는데, 풀려난 양치기들이 마을로 내려가 수백명의 탈레반을 끌고 올라와 격렬한 전투가 벌어진다. 최고로 훈련된 정예 대원들이었지만 통신이 두절되어 상급부대의 지원을 받을 수도 없고, 숫적으로도 절대로 열세인 상황에서 단지 물과 몇시간 동안 교전할 수 있는 총탄만을 가지고 이들이 벌이는 처절한 전투는 손에 땀을 쥐게 한다.

숲에서의 전투는 소총, 저격용 소총과 유탄발사기, RPG(휴대용 로켓무기)의 사격이 난무하는 전투장면이 실제로 재현되었고, 대원들이 탈레반에 쫓겨 바위에서 굴러 떨어지는 장면은 몸이 직접 바위나 나무 등에 부딪치는 모습이 생동감있게 그려지는데, 사실감을 느끼기 위해 실제로 배우들이 뛰어내려 구르면서 촬영을 했다.

이들 팀원들이 고립무원에서 악전고투하며 온몸에 피멍과 상흔이 난무하고 죽어가는 가운데서도 자신보다는 동료들의 안위를 걱정하는 모습은 진한 전우애를 느끼게 해준다.

심대한 피해를 입은 상황에서 가까스로 지휘부와 무전이 통하여 시누크 헬기로 투입된 네이비 씰 팀의 동료 증원병력이 상공에 도착한 장면에서는 안도감과 통쾌함으로 온몸에 전율이 흐르나, 급한 사정으로 아파치 헬기의 호위를 받지 못하고 투입된 시누크 헬기는 곧 적의 RPG사격으로 추락하면서 16명의 증원병력이 손실되는 장면에서는 저절로 탄식이 나온다. 나중에 미군이 확인한 바로는 탈레반들이 추락한 미군 구조대병력의 머리에 한 사람당 두발씩 확인사살을 했고, 추락한 치누크에서 소음기가 달린 M4소총, 야시경, 전투헬멧, GPS수신장비, 군용 노트북 컴퓨터 등을 수거해갔다.

영화 '론 서바이버'의 한 장면. 최고로 훈련된 정예 대원들은 숫적으로 압도적인 탈레반과 악전고투하며 죽어가는 중에도 자신보다는 동료들의 안위를 걱정하는 진한 전우애를 보여준다(사진출처 : 구글이미지)

결국 동료들을 모두 잃고 혼자 살아남아 사경을 헤메다가 물웅덩이에 빠진 마커스 러트렐 하사는 아프카니스탄 파슈툰 부족 마을의 굴랍이라는 사람에게 구조되어 그의 가옥에 옮겨져 보호를 받고, 그들의 도움으로 미군에 생존사실이 알려지고, 곧이어 아파치, 블랙호크, AC-130기 등 대규모 항공기 편대를 이끌고 도착한 미군에 의해 안전하게 구조된다.

마커스 하사가 구조되어 생존하게 된 것은 '위험에 처한 사람은 끝까지 지켜주어야 한다'는 파슈툰 부족의 율법에 의한 것이었으며, 이는 미군이 지키려했던 교전규칙과는 또 다른 차원의 인간적이고 도덕적인 율법이었다. 이 아프가니스탄 율법은 2000년 동안

내려온 것이며, 지금까지도 이 마을 사람들은 이 율법에 따라 탈레반과 싸우고 있다고 한다.

미군의 항공공격으로 마을이 쑥대밭이 되며 탈레반 무리들이 전멸당하는 마지막 장면은 미군의 최신예 공격헬기에 의한 화력과 AC-130 항공기에서 내뿜는 105미리 포격 등이 귀청을 찢는듯한 전투장면이 압권이다. 이 영화에서의 전투장면은 밀리터리물 중에서 리얼함이 탁월한 것으로 전문 평론가들도 평가하고 있고, 마치 전쟁터에 있는 것처럼 몰입도가 뛰어나다고 평하고 있다. 이 영화를 보며 전장에서의 온몸이 떨리고 전율과 공포가 엄습해오는 공황상태 직전의 정신적 붕괴같은 전장상황을 매우 현실감있게 체험해 볼 수 있다.

'레드윙 작전'은 영화 '블랙호크 다운'의 모가디슈 전투만큼이나 무고했던 전투로 기록되고 있지만, 우리에게 성공한 작전 이상으로 교훈과 감동을 주고 있다.

이러한 작전실패는 이후 미국내에서도 많은 논란거리가 되었는데, 한때 베스트셀러로 이름을 날렸던 마이클 샌델의 『정의란 무엇인가(JUSTICE)』에서는 '아프가니스탄 목동의 사례'가 토론주제 중 하나로 선정되어 "특수부대 요원들이 양치기들을 풀어준 것이 과연 정당한 것인가?"라는 문제를 도덕적 딜레마의 케이스로 삼아 토의가 이루어지면서, '전쟁은 이미 비합리의 극치인데, 그 사이에서 교전규칙을 지키는 것이 의미가 있을까?'라는 내용이 언급되고 있다.

리더십 이슈 Leadership Issues

조직의 구성원들을 지속적으로 움직이는 가장 강력한 힘은 바로 그 조직의 규범인데, 이 규범을 중심으로 서로 영향을 주고 받으며 판단하고 행동하기 때문이다. 이러한 규범은 특정 조직의 구성원들이 자신들의 욕구를 충족시키기 위해 수행하는 행동의 기준이며 마땅히 따르고 지켜야 할 가치판단의 기준이다.

사람들은 이러한 기준과 비교해서 자신이나 타인을 평가하고, 모두가 이러한 기준에 부합하도록 영향을 주고 받는다.

'론 서바이버'의 사례에서는 조직의 규범인 교전규칙을 끝까지 준수한 네이비 씰 팀원들의 '도덕적 리더십(Moral Leadership)'을 생각해 볼 수 있다. 도덕적 리더십은 지금까지의 리더십 접근방식이 문화 도덕 윤리보다는 조직 행동 경영이론 등을 중심으로 강조되어 오던 것에서 벗어나, 리더의 도덕적 · 윤리적 의식을 중시함으로써 조직을 보다 건강하게 유지하는 것을 목표로 한다.

* 잘 훈련되고, 훌륭하게 교육되고, 적절히 유도된 인간은 유일한 절대적 무기이다. - 맥아더 -

병자년 겨울의 남한산성

침소에 들기 전 임금은 성안에 남은 군량이 몇날 몇끼인지 점검했다. "먹이기를 하루 세네홉에서 두세홉으로 줄이면 사십오일이나 오십일은 버틸 수 있는데, 성안의 소출은 내년 가을에나 기약할 수 있고 성밖의 곡식을 실어들일 길이 끊겼으니 얼마나 끼니를 더 연장해야 포위를 풀고 성밖으로 나갈 수 있을는지, 신은 그것을 걱정하옵니다." 관량사가 아뢰었다.

그해 병자년의 겨울 추위는 땅속깊이 박혔고 공기속에서 차가운 칼날이 번뜩였다. 성첩위 총안 앞에서 가리개 없는 군졸들이 눈비에 젖었다. 군졸들의 손가락 마디가 떨어져 나갔고, 손가락이 제대로 붙어있는 자들도 언 손이 오그라져서 창을 쥐지 못했다.

청병이 삼전도 쪽 들판의 본진으로 물러가 성벽을 집적거리지 않는 날, 성 안은 고요했다. 한양이 청군의 갑작스런 침입을 받자 어가행렬은 수구문으로 도성을 빠져나와 송파나루에서 언 강을 건너 새벽에 남한산성에 들었던 것이다.

김훈의 장편소설 『남한산성』은 370여년 전의 혹독했던 아픔을 간직하고 있는 추운겨울의 남한산성을 이렇게 묘사하고 있다.

송파와 거여쪽 진지를 출발한 청의 기보 일만오천이 청량산 외곽을 우회해서 성벽을 끼고 남쪽으로 내려왔다. 청병은 남문을 막았고, 남문에서 가까운 동문을 막았으며, 성벽을 멀리서 포위했다.

성안의 사정은 비참했다. 서장대 아래쪽으로 행궁은 적막했고, 새벽에는 겨울비까지 내렸다. 성첩을 지키는 군병들은 자정에 교대하고 나서 순청 앞마당에서 보리밥 한그릇에 뜨거운 간장국물 한 대접을 마시고 캄캄한 성첩으로 올라갔다. 수어청 군관들은 말먹이 풀을 실어내는 군병에도 끓는 물 한 대접에 진간장 반홉씩을 풀어서 마시게 했다.

군병들은 밤새도록 비에 젖었다. 거적을 치켜들고 그 아래 대여섯명씩 웅크렸다. 비가 계속내려 거적 올 틈으로 빗물이 샜다. 젖고 언 군병들은 오그라진 손을 겨드랑이에 넣었고 언 발을 굴렀다.

날이 새자 민촌의 백성들과 사찰의 승려, 종친, 사대부들까지 여벌의 마른옷과 모자, 귀마개, 버선을 거두어 군병들의 옷을 갈아입게 하고, 굶어 죽어가는 말에는 가마니를 거두어서 죽을 쑤어 먹였다.

이러한 눈물겨운 노력에도 불구하고 남한산성을 멀리서 둘러싼 청병 20만이 성을 포위한지 열흘이 지나자 성첩을 지키는 군병들은 기진했고, 추위와 부상에 발가락이 얼어서 떨어져 나간 자들이 허다했다.

결국 최명길 등 주화파와 김상헌을 중심으로 한 척화파간의 길고 지루한 논쟁 끝에 마침내 왕이 성을 나가 청에 항복하는 삼배 구고두의 의식을 치른 후에 청군이 물러갔고, 왕세자, 부녀자, 종 등을 포함한 수많은 포로들이 끌려가는 대열이 구십리에 이르렀다.

병자호란으로 기록되어진 치욕의 역사는 우리에게 스스로 나라를 지킬 수 있는 힘이 없을 때 참담한 비극이 초래되고, 이러한 비참한 역사를 되풀이하지 않기 위해서는 한치의 흐트러짐도 없이 군사력을 갖추어 놓아야 한다는 교훈을 전해주고 있다.

Issue Inside

왜 아무도 NO라고 말하지 않는가?

어느 무더운 일요일 미국 텍사스주의 한 평범한 가족이 선풍기 앞에 무기력하게 앉아 얼음물잔을 만지작거리며 TV를 보고 있었다.

그때 집안의 가장이 갑자기 한 가지 제안을 했다. "우리 애벌린에나 다녀올까?" 왕복 4시간은 족히 걸리는 먼 곳이었다. 뜻밖에 딸이 찬성하고 나섰다. 사위도 분위기를 깨서는 안된다는 생각에 마지못해 동의하였다.

장모를 포함한 네 식구는 결국 살인적인 더위에 에어컨도 나오지 않는 낡은 차를 타고 텍사스 서부의 모래 먼지를 뒤집어 쓰며 애벌린에 갔다왔다.

그곳에서 그들이 한 일이라곤 형편없는 식당에서 맛없는 식사 한끼를 하고 온 것이 전부였다. 돌아오는 길에 가족들은 우연한 대화를 통해 실은 애벌린에 가고싶어 했던 사람이 단 한명도 없었다는 사실을 알게된다. 장인은 너무 무료해 한번 꺼내본 이야기였고, 가족들은 다른 사람이 가고 싶어하는 것 같으니까 자기도 동의하는 것이 상대를 위한 배려라고 생각했던 것이다. 그럼에도 온가족이 적어도 외견상으로는 만장일치로 애벌린에 힘들게 갔다왔던 것이다.

제리 하비 조지 워싱턴대 교수는 그의 저서 『왜 아무도 No라고 말하지 않는가?』에서 이처럼 조직 구성원들이 아무도 동의하지 않는 암묵적 합의를 통해 원치않는 여행을 떠나는 것과 같은 현상을 '애벌린 패러독스'라고 규정하며, 이러한 조직원간의 암묵적 동의가 만들어내는 조직내의 근본적이고 고질적인 다양한 문제점들을 파헤쳤다.

조직이나 자신이 속한 팀이 내 의견과는 정반대로 진행되는 상황은 누구나 한번쯤 경험하게 된다. 대세를 이루는 듯한 상황에서 혼자 나서서 반대의견을 개진하는 것은 쉽지 않기 때문에 대부분의 사람들이 여기에 암묵적으로 동의한다.

이런 역설적 현상이 벌어지는 이유는 조직이 가진 막대한 힘을 자발적으로 상상하고 두려워하면서 조직으로부터 소외되기 싫어하는 심리적 현상이 숨어있다고 저자는 설명한다.

조직이 리더의 일방적 지휘에만 의존한다면 그런 조직에서는 구성원들이 자율적으로 의사소통해서 자신들의 행위와 판단에 관한 기준을 만들 수 없다. 이런 조직에서 부하는 조직을 개선하고 효율성을 높일 수 있는 정보나 의견을 의도적으로 표현하지 않는 '함구효과'를 보인다. 조직침묵이 심화되면 조직혁신을 저해하거나 건설적 의사결정에 필요한 정보를 왜곡하는 결과를 초래할 수 있다. 반대로 구성원들이 주어진 범위안에서 자율적으로 행위의 기준을 만들면, 그 기준은 집단지성을 반영할 뿐만 아니라 모두가 그 기준에 맞게 행동하게끔 하는 자발적 동기와 사회적 압력도 강해진다.

역사적으로 수많은 크고 작은 조직들이 잘못된 의사결정에 마지못해 또는 고의로 동의함으로써 치명적인 실패를 가져온 사례를 반면교사로 삼아 대비하는 것은 자칫 쉽게 경직될 수 있는 조직을 건강하게 발전시키기 위해 꼭 필요한 가치이다.

· 3 ·

체계적 · 창의적 리더십

나는 리더십의 기회가 가능한 한 가장 낮은 계급에서 주어져야 한다고 생각한다. 그때가 사람을 관찰하기 좋은 시간이다.
그가 멋진 육체를 가지고 있고, 악기를 잘 연주하며, 총을 잘쏘고, 분기마다 시내 Kiwanis 클럽에 간다는 것 외에 그의 이력서에 무엇을 쓸 것인가?
그 외에 아무 것도 없다. 왕겨와 밀을 어떻게 구분할 것인가?
그에게 리더십 역할을 주어라.

– Hoyt S. Vandenberg 대장(미 공군 참모총장, 1899~1954) –

01

산을 옮겨라(Moving Mountains)

❖ 걸프전에서의 미군 군수지원

1990년 걸프전에 참전했던 미군은 효율적인 군수지원을 위해 4만여 개의 컨테이너를 작전지역에 투입했는데, 항만에 도착한 컨테이너의 내용물을 확인하기 위해 3만여 개의 컨테이너를 부두에서 일일이 열어보는 데 꼬박 수개월이 걸렸다.

또한, 하나의 컨테이너에 10여 개의 부대로 보급될 물량이 섞여 있어 2000마일이나 떨어진 전방부대까지 수송하고 난 후, 그 중 10%만이 전방부대에서 필요한 것으로 확인돼 역수송하는 소동을 벌이기도 했다.

1차 걸프전 당시 작전전구 내 군수지원을 총괄했던 윌리엄 G. 파고니스 예비역 중장은 자신의 저서 '산을 옮겨라(Moving Mountains)'에서 척박한 전장환경에서의 효율적인 군수지원에 대해 기술한 내용 중 일부이다.

미군이 이라크를 상대로 수행하였던 '사막의 방패(Desert Shield)' 작전으로 명명된 걸프전에서의 군수지원은 걸프만 인접의 양륙 공항에 몇 분 간격으로 대형 수송기가 병력과 화물을 쏟아내면서 밀려 들어오는 병력에게 일단 급조된 막사에서의 집단수용과 전투식량으로 식사를 해결하는 것부터 시작되었다.

혹독한 사막환경의 종잡을 수 없는 혼돈 속에서의 군수지원은, 파고니스 장군의 지휘를 받는 분야별 군수지원 전문가들의 헌신적인 노력과 유연하고 잘 훈련된 주 방위군 및 예비군 병력들의 노력에도 불구하고, 체계를 갖추는데 많은 시간을 요구했다.

미군의 증원군들이 사우디에 밀려 들어오던 초기의 군수지원은 마치 영화의 한 장면처럼 공포를 불러일으키기에 충분했다. 이미 도착한 수천명의 군인들이 서있거나 앉아있거나 주위를 배회하고 있었고, 몇 분마다 또 다른 수송기가 이미 군인들이 가득 들어차있는 비행장 활주로에 수백명의 병력을 쏟아놓았다.

미 증원군들이 사우디아라비아에 밀려 들어오던 초기의 군수지원 장면. 몇 분 간격으로 끊임없이 도착하는 군 수송기가 비행장 활주로에 장비와 병력을 쏟아놓았다(사진출처 : 구글이미지)

지원요원들의 힘겨운 노력에도 불구하고, 상황은 점점 나빠졌다. 기온은 60℃에 달했고, 연이어 비행장에 도착하는 부대들을 수용할 군수지원시설이 전혀 없었다. 밤새 비행기를 타고온 도착병력들은 혼란스럽고 피곤한데다 예민해져 있었다. 그들에게는 우선 물과 음식, 그리고 쉴 곳이 필요했다.

마치 요리사도 없는데 온갖 손님들을 다 저녁식사에 초대해 놓은 상황과 같았고, 수도관이 터졌는데 대걸레와 양동이를 들고 서있는 형국이었다.

그러나 노련한 군수 전문가들은 조금씩 능력을 발휘하기 시작했다. 우선 사막의 베두인족이 쓰는 텐트 10,000개를 확보하고, 현지 노무자 수십명을 고용하여 텐트를 설치했다. 유목민들이 이용하는 단순하고 설치도 쉬운 텐트는 병력들이 햇볕을 피할 훌륭한 공간을 마련해 주었다. 또 사우디아라비아 현지에서 고용한 용역버스 기사 중 한명을 임시방편으로 가칭 '중대장'으로 임명하여, 다른 기사들을 통솔하여 도착 미군들을 버스에 실어 비행장 인근의 사우디아라비아 군대 막사로 실어날라 어느 정도 숨통을 트이게 했다.

이후 며칠 동안은 그들의 기술과 인내심, 유머감각, 그리고 체력을 시험하는 시간이었다. 그들은 36시간을 쉬지않고 녹초가 되도록 일하고 4시간만 쉬는 혹독한 일정을 치렀다.

군수 담당자로서 보낸 시간보다는 관리자로, 수리공으로, 소방관으로, 때로는 고해성사를 들어주는 신부로, 응원단으로 일한 시간이 더 많았다. 주위에 그런 역할을 해줄만한 사람이 없었기 때문이었다.

또한 초기 군수지원에 가장 큰 도움이 된 것은 사전배치선박으로 군대의 생존에 필요한 모든 필수품들이 그 배에 실려있었고, 소총탄과 지뢰, 제트유, 연료막대 등 물자와 기중기, 냉장차, 야전세탁장비 등의 셀 수 없이 많은 긴요품목을 양륙항만에 하역함으로써 작전부대에 실질적인 도움을 주었다.

초기 군수지원에 가장 큰 도움이 된 미 육군 사전배치선박. 군대의 생존에 필요한 필수품들과 전투물자, 장비 등 셀 수 없이 많은 긴요품목이 실려 있다(사진출처 : 구글이미지)

작전지역에 최소한의 필수품 지원이 자리를 잡자 바로 삶의 질에 관한 혁신, 즉 사기, 복지, 휴양(MWR, Morale Welfare Recreation)을 추진하기 위해 군수전문가들은 숙박용 바지선, 이동식 화장실과 샤워장, 휴식 중 사용할 야외 풀장 등을 구축하는 아이디어를 실행에 옮겼다.

또 신선한 빵과 과일, 따뜻하게 조리된 식품을 전투병들에게 우선 보급했고, 이와 함께 사막을 가로지르는 황량한 도로상에 '트럭휴게소'를 설치해 운전병들에게 햄버거 · 콜라 · 감자튀김 같은 신선한 패스트푸드를 제공했다.

여기에는 "잘 먹고 잘 자며 충분한 보급품과 최신장비를 갖고 있으며, 지원을 잘 받고 있다고 느끼는 군인은 소외당한다고 생각하는 군인보다 훨씬 임무수행을 잘 한다"는 파고니스 장군의 지원 철학이 담겨 있었다.

'사막의 폭풍' 작전으로 명명된 지상전에서 군단급 기동작전을 위해 확보된 주 보급로(MSR). 이를 통해 2주 동안 수십만 명의 병력과 수백만 톤의 군수품, 수십억 갤런의 유류를 수송함으로써 작전을 성공적으로 이끌 수 있었다(사진출처 : 구글이미지)

'사막의 폭풍(Desert Storm)' 작전으로 명명된 지상전에서는 기습 달성을 위한 군단급 기동작전인 '우회작전(end run)'을 위해 사막을 가로지르는 두 개의 주 보급로(MSR, Main Supply Route)를 확보해 2주 동안 수십만 명의 병력과 수백만 톤의 군수품, 수십억 갤런의 유류를 수송해 효율적인 재보급 체계를 구축함으로써 작전을 성공적으로 이끌 수 있었다.

마침내 이라크에서의 전쟁을 승리로 장식하고, '사막의 고별(Desert Farewell)' 작전인 철수작전이 시작되자 군수지원 담당자들은 이제 반대로 움직여야 했다. 마치 소방호스처럼 보급품을 내뿜던 그들은 이제 진공청소기가 되어 모든 병력, 물자, 장비, 기타 물품들을 복귀시켜야 했다.

제2차 세계대전 후 막대한 양의 장비를 녹슬고 못쓰게 독일에 방치했었던 경험과, 한국전쟁 이후 군수품을 무계획적으로 일본으로 수송했던 점, 베트남전 후 고가의 장비를 방치하고 철수했던 실패 경험들을 교훈삼아 모든 물자와 장비를 집결시켜 세척·분류 수리·정비 후 재포장하여 조직적으로 복귀시킴으로써 실패했던 철수 작전의 전철을 되풀이하지 않고, 원정작전을 원활하게 종료할 수 있었다.

걸프전 기간 중 군수 전문가로서 탁월한 능력을 발휘하고, 전역 후 민간 기업의 CEO로 일했던 파고니스 장군은 또한 군대 내의 군수지원과 민간부문 물류의 차이점에 대해 명쾌한 답을 내놓았다.

우선, 민간기업은 수익에 초점이 맞춰져 있으나, 군대의 군수지원은 삶과 죽음에 초점이 맞춰져 있다. 기업의 수익은 중요하고, 의미있는 척도이며, 장기적으로 수익은 기업이 생존할지 사라질지를 결정하게 된다.

그러나 군대처럼 진짜 삶과 진짜 죽음에 이르면 상황이 달라진다. 전장에서 적의 행동결과와 전쟁 본연의 불확실성에 대처하려면 때로는 효율성을 포기해야 하고, 더 높은 수준의 안전을 보장하기 위해 물자를 더욱 많이 비축하고 여유분, 느슨함, 때로는 어느 정도의 낭비까지를 참아야 할 뿐만 아니라 그러한 요소들을 일부러 포함시켜야 한다. 이익을 원하는 조직은 여유분, 느슨함, 낭비를 절대 허용하지 않을 것이다.

다음으로, 개인의 책임에 관한 차이로, 군에서는 젊은이들에게 큰 책임을 부과한다. 20대의 대위는 몇백명의 목숨에 대해 개인적인 책임을 가지고 있고, 고등학교를 갓 졸업한 기술병은 몇 백만 달러에 이르는 기계를 다루며, 젊은 공군 조종사는 여러 사람의 생명과 엄청난 고가의 장비와 기술을 자신의 손으로 다룬다. 그 정도로 젊은 시절에 그 정도의 책임을 가질 수 있는 민간분야는 없다.

파고니스 장군은 또한 자신의 철학이 담긴 리더십 구축에 대해 의견을 제시했는데, 우선 자신을 파악하고, 자신을 인식하며, 하버드대 교수의 "지도자는 부하들이 존경할 만한 출중한 경쟁력 또는 어떤 다른 능력을 보여주어야 한다."는 말을 인용하여 자신을 표현하라고 충고한다. 그리고 "침묵할 수 있는 기회를 절대 놓치지 말라."며 경청을 강조한다.

또한, '오리엔테이션을 활용하라'(전쟁터에 막 도착하여 겁에 질려있는 전입장병들에게 유머와 조크를 섞어가며 긴장을 풀어주는 전입교육), '부하들과 개인적으로 만나라', '직접 돌아다니며 관리하라'고 충고한다. 또 '임무를 확인하고, 성실하며 비젼을 구축하라'고 언급하며, 고위 직위자의 가벼운 혼잣말이나 농담도 조직에 큰 영향을 미칠 수 있으므로 말을 조심하라고 충고한다.

또한 '밭을 갈아라'(변화에 대응하기 위해 미리 준비하라), '너 자신이 되어라'(책임감을 가지고 좋은 역할모델을 해라), '부하들을 성장시켜라', '동기를 부여하라', '틀을 깨라', '비판을 수용하라', '반증을 찾아라'(잘못되어 가고 있는 부분을 살펴라) 등 주옥같은 교훈을 전해준다.

걸프전 종전 이후 미군은 전장에서 얻은 교훈들을 참고하여 모든 물자와 장비의 이동과정을 본토 출발부터 전쟁터의 참호 도착까지 추적할 수 있는 '수송 중 식별체계(ITV, In-Transit Visibility)'를 구축하여 군수품의 이동경로와 이동상황을 모니터 하고, '무선주파수 인식(RFID, Radio Frequency Identification)'체계를 구축하여 물자 수송시 개별 장비와 컨테이너에 부착된 태그를 무선으로 확인하여 내용물과 수량, 이동경로, 목적지 등 상세정보를 확인하는 등 혁신을 통해 전장에서의 군수지원 능력을 견고하게 구축하였다.

리더십 이슈 Leadership Issues

파고니스 장군을 중심으로 한 군수지원 부대가 걸프전에서 부여된 임무를 완수하고 한단계 성장을 이룬데에는 군수 담당자들의 헌신적인 노력이 큰 기여를 했는데, 파고니스 장군은 이들을 동기유발 시키는데 있어서는 '계급을 이용한 명령'보다 '정당한 이유를 제시하는 것'이 훨씬 더 효과가 있었음을 인식하고, 부대원들이 조직의 작전목표를 명확히 이해할 때 더 많은 동기를 얻고 자신들의 임무를 더 잘 수행할 수 있었다고 언급하였다.

리더십 측면에서 '동기'는 모든 조직운영 절차의 근본으로, '동기는 성공을 낳고, 성공은 자신감을 낳고, 자신감은 위험을 감수하게 만들며, 위험감수는 혁신을 가능케 한다'는 논리가 리더에게 동기유발의 중요성을 느끼게 해준다.

또한, 파고니스 장군의 지원철학이 된 "잘 먹고, 잘 자며, 충분한 보급품과 최신장비를 갖고 있으며, 지원을 잘 받고 있다고 느끼는 군인은 소외당한다고 생각하는 군인보다 훨씬 임무수행을 잘 한다."는 개념은 한번쯤 군복을 입어 본 경험이 있는 사람이라면 누구나 자연스럽게 공감이 되는 논리로, 구성원의 입장에서는 리더에 대한 존경과 신뢰를 통해 조직의 발전에 기여하는 동기유발이 자연스럽게 이루어질 수 있는 요인이 될 수 있다.

* 리더십은 사람에 관한 것이지, 조직에 관한 것도, 계획에 관한 것도, 전략에 관한 것도 아니다. 즉, 사람들로 하여금 그 일을 하게 하는 동기부여다. 사람 중심이 되어야 한다. - 콜린 파월 -

02

전쟁을 바꾼 암호해독과 통신보안

✤ 미드웨이 해전과 이스라엘 첩보원

전투에서 통신보안(Communication Security)의 중요성은 아무리 강조해도 지나치지 않다. 이러한 통신보안은 역사상 전쟁에서 크고 작은 전투의 승패를 좌우할 정도로 중요한 요소로 작용했고, 대규모 전쟁에서도 대세를 결정짓는 핵심적인 요소로 작용하곤 했다.

통신보안이 대규모 해전의 승패를 좌우한 대표적인 전쟁사의 단면으로, 제2차 세계대전 미드웨이 해전을 들 수 있는데, 일본의 해군력을 총동원한 미드웨이 섬 점령작전은 1942년 6월 4일 단 하루만에 미군의 완승으로 끝났다. 일본은 불과 반년전에 벌어진 진주만 공습작전에서 대성공을 거두었으나, 미드웨이 점령을 위한 역사적인 대결전은 싱겁게도 하루만에 끝난 것이다.

당시 일본해군은 야마도(大和), 무사시(武藏) 등 세계최대의 전함을 보유하고 있었으며, 미 해군은 상대적으로 해군력이 열세하였고 특히 진주만 피습으로 대부분의 전함이 작전불능 상태가 되자, 항공모함을 중심으로 기동함대를 편성하고 잠수함의 보조하에 유격

전법으로 대항하였다.

1942년 4월 도쿄 대공습을 허용한 일본군은 방어선을 확장하여 미군의 일본 본토 공격을 저지하기 위해 미 해병대와 해병 항공대가 주둔해 있는 미 육상기지를 제거할 목적으로 하와이의 서편에 위치한 미드웨이 섬을 점령하기로 결심했다.

미드웨이 공략을 위하여 야마모토 제독은 개전후 처음으로 일본의 전 해군력을 총동원하였다. 최선봉에는 진주만 이래 역전의 용사들로 구성된 나구모 중장의 제1항공함대가 4척의 항공모함과 250대의 함재기를, 이보다 약 200마일 후방에는 야마모토가 직접 이끄는 전함위주의 주력함대가 따랐다. 또 남방으로는 미드웨이 상륙부대 5,000명을 실은 수송선단이, 최북단에는 알류우산 공격함대가 항진하였다.

미드웨이 해전 장면을 묘사한 그림(좌측)과 미 해군의 공격으로 침몰위기에 처한 일본전함의 모습. 역사적인 대해전은 불과 하루만에 결판이 났다(사진출처 : 구글이미지)

이 대함대의 총규모는 항모 5척, 전함 11척, 순양함 14척, 구축함 58척, 잠수함 17척, 기타 보조함선 수십척으로 그 위세는 가히 전 태평양을 압도하고도 남을만 하였다.

한편, 미 해군은 일본 해군의 공격기도를 파악하기 위해 그들이 주고받는 무선통신신호를 포착하여 이를 해독하는데 주력하고 있었으며, 하와이에 주둔하고 있는 미 해군 정보부의 암호 해독반 블랙 쳄버는 일본군의 무전이 급증하고 있음을 발견했다.

이미 일본 해군의 암호 체계인 JN-25를 해독하고 있던 해독반은 일본군의 무선통신에 'AF'라는 문자가 자주 나타난다는 사실에 주목했다. 이미 'AH'는 진주만을 뜻하는 것으로 해독이 된 상태였다. 암호 해독반의 지휘관이었던 44세의 조제프 로슈포트(Joseph Rochefort) 중령은 일본의 정찰기가 "AF 근처를 지나고 있다."라는 내용의 무선 통화를 해독했던 것을 바탕으로 정찰기의 비행경로를 추정한 결과 'AF'가 미드웨이 섬이라는 심증을 갖게 되었다.

로슈포트 중령은 니미츠 제독에게 일본군의 침공이 임박했다는 사실과 'AF'가 자주 언급된다는 점 그리고 'AF'가 미드웨이 섬일 것이라는 보고를 한 후, 니미츠 제독에게 건의하여 "미드웨이 섬의 담수 시설이 고장 났다"는 내용의 가짜 전문을 하와이로 평문 송신했다. 사실 미드웨이 섬의 정수 시설은 아무런 문제가 없었다.

이틀 후, 도청된 일본군 암호 중 "AF에 물 부족"이라는 내용이 해독되었다. 이로써 일본군의 다음 공격목표가 미드웨이 섬이라는 것이 분명해졌다.

미 해군은 서태평양 방면의 전 해군력을 미드웨이로 집결시켜 만반의 준비를 갖추었는데, 엔터프라이즈호 등 3척의 항공모함과 함재기 225대, 순양함 8척, 구축함 14척, 잠수함 25척을 동원하였으며, 미드웨이 기지에는 증강된 130대의 육상항공기가 배치되어 있었다. 일본군은 그들의 기도가 탐지된 사실도 모르고, 연전연승에 도취되어 적을 경시한 나머지 사전탐색조차 실시하지 않는 과오를 저질렀다.

1942년 6월 4일, 새벽 6시 30분부터 시작된 전투는 양국 해군의 항모에서 출격한 함재기의 공격과 어뢰공격으로 순식간에 수십척의 함정을 침몰시키고 수백대의 함재기가 격침되는 불바다를 이루었다. 결국, 역사적인 대해전은 6월 4일 불과 하루만에 결판이 난 것이다. 일본해군은 나구모의 항공함대가 전멸하고, 항모 4척, 250대의 함재기를 잃었고, 미 해군은 항모 1척과 147대의 항공기를 잃었을 뿐이었다.

미드웨이 해전은 제2차 세계대전을 연합군의 승리로 이끈 태평양 전쟁의 분수령이 되었고, 전함을 통한 해상에서의 전투를 해군력의 중추로 보던 통념을 깨고 항공모함과 항공기의 조합만으로 승리를 달성했다는 면에서 해군작전의 일대 혁명을 가져왔다고 볼 수 있다.

이 해전에서의 패배로 일본은 영토 팽창은 커녕 막대한 물량으로 무장한 미군의 반격에 직면하였고, 태평양에서의 제공, 제해권을 상실하고 동쪽으로의 확장은 저지되었다.

당시 최강의 전력을 자랑하던 일본 연합함대는 왜 그토록 허무하게 무너졌을까? 이는 무엇보다도 미군이 일본 해군의 암호를 해독하여 공격계획을 정확히 파악할 수 있었던 것이 가장 큰 요인이라고 볼 수 있다. 미 해군의 니미츠 제독은 적과의 접촉 이전에 일본 해군의 움직임을 정확히 파악한데 비해, 일본 해군의 선봉장 나구모 제독은 미드웨이 근처의 미군 동향에 대해 무지한 채 오판에 오판을 거듭했고, 이러한 실책은 전장해역에 대한 일본군의 사전정찰 소홀에서 연유했다.

통신 보안과 관련된 또 하나의 감동적인 스토리가 있는데, 이는 이스라엘의 전설적인 스파이로 시리아에 침입하여 조국을 위해 임무를 수행하다가 신분이 탄로나 처형을 당하면서도 끝까지 조국을 잊지 않은 한 애국자의 감동적인 이야기이다.

1950년대 말부터 시리아는 이스라엘과 전쟁을 준비하면서 골란고원에 많은 병력을 배치하고 군사기지를 건설하려고 계획했다. 그러나 이스라엘 정찰기가 수시로 국경 근처까지 와서 골란고원 일대를 촬영하곤 했다. 휑하게 노출된 평원에서 군부대를 위장하기 위해 시리아군은 이 지역에 대대적으로 '유칼립투스'라는 척박한 땅에서 잘 자라는 속성수를 심었다.

이 나무를 위장식수로 심도록 조언한 사람은 바로 이스라엘의 전설적인 스파이 '엘리 코헨'이었다. 그의 권유에 따라 시리아는 골란고원 군사기지에 대규모 조림사업을 했고 유칼립투스 숲 밑에는 어김없이 시리아군 병영이나 장비들이 집결해 있었다.

전쟁이 시작되자마자 이스라엘의 공군기들은 골란고원에서 이런 수종의 군락지만 집중 공격했고, 은닉된 시리아의 군사 시설물들은 철저하게 파괴되었다. 오늘날에도 골란고원의 유칼립투스 조림지에는 당시 파괴된 시리아군의 잔해를 쉽게 찾아볼 수 있다.

엘리 코헨은 이집트 출생의 유대인으로 30대 초반인 1957년에 이스라엘 모사드의 첩보원으로 선발되어, 엄격하고 혹독한 훈련을 받은뒤 시리아계 아르헨티나 실업가로 위장해 적국인 시리아의 권력층 깊숙이 침투했다. 특히, 그는 몇 주 동안 극소형 송신기와 전기면도기 코드가 안테나 역할을 하는 특수한 무전기 그리고 특수 암호조립기 등을 지급받고 집중 통신훈련을 마쳤으며, 암호통신시에는 통신시간을 최대한 단축하라는 엄격한 지시를 반복적으로 받았다.

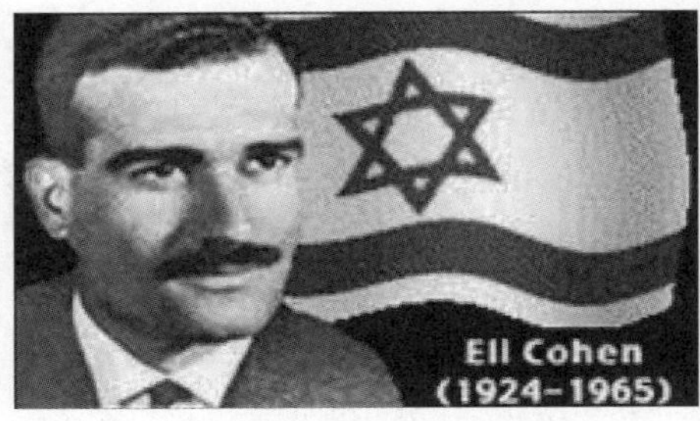

전설적인 이스라엘의 스파이 코헨과 그의 처형 모습. 그는 시리아의 군사첩보를 이스라엘에 타전하는 동안 순간적인 방심으로 예기치 못한 단서가 노출되어 체포되었다(사진출처 : 구글 이미지)

그는 뇌물로 부패한 시리아의 지도층을 매수하고 가구 무역회사 사장으로 위장하여 시리아의 정치가, 고급장교, 기업가 등과 어울려 고급정보를 입수하여 이스라엘에 타전했다.

그는 이스라엘과 시리아가 혈전을 치루었던 1967년의 '6일 전쟁'이 시작되기 전 시리아군의 고급 기밀을 모사드에 수시로 타전하여 이스라엘로 하여금 유리한 상황에서 전쟁을 수행할 수 있도록 여건을 조성하였고, 그가 입수하여 보낸 골란고원의 시리아군 배치도는 이스라엘군이 승리하는 데 결정적으로 기여했다. 그러나 전쟁 발발전인 1965년 1월 24일 새벽, 그는 실로 순간적인 사소한 방심으로 예기치 못한 단서가 노출되어 신분이 탄로나고 체포되었다.

문제의 발단은 코헨이 거주하던 숙소의 근처에 있던 인도 대사관의 전신 담당자가 수개월 전부터 뉴델리로 보내는 무전연락이 전파방해를 받고 있음을 알아채고 이를 시리아 당국에 신고했는데, 전파방해를 탐지하는 장비와 기술이 부족했던 시리아는 소련 군사고문단에 협조를 요청했고 그들은 정교한 전파탐지장비 탑재차량을 배치해 은밀하게 추적을 시작했다.

그러나 소련의 기술자들은 전파를 포착했지만 발신시간이 짧아 정확한 위치를 찾지 못했고, 탐지반은 발신원으로 생각되는 주변 건물들을 수색했으나 성과가 없자 의도적으로 전파발신지 주변 일대의 전기를 끊어 정전을 시켰다. 이런 사실을 미처 알지못한 코헨은 평소 준비해 놓았던 축전지를 이용하여 주요 첩보를 이스라엘로 타전했다. 결국 무전위치가 정확하게 포착되었고, 순간적인 방심이 코헨의 운명을 바꾸었다.

시리아 보안군은 엘리 코헨의 아파트를 포위하고 그가 송신하고 있던 순간에 급습했다. 그 자리에서 무전기는 압수되었고, 시리아군은 정교한 이 무전기를 보고 혀를 내 둘렀다. 시리아 정보기관은 체포한 코헨을 고문하면서 이스라엘로 허위첩보를 보내도록 강요했다. 그러나 그는 송신속도와 리듬의 미묘한 변화로 모사드에 자신의 처지를 알렸다. "나는 체포되었습니다. 그리고 죽음의 선고를 받은 인간입니다." 그의 마지막 타전이었다.

이스라엘측은 시리아의 간첩 10명과 현금, 트럭, 트랙터 등을 얹어서 코헨과 교환하자는 제의를 했으나, 시리아는 엘리 코헨이 너무나 많은 것을 알고 있기 때문에 놓아둘 수 없다는 이유로 거절했다.

마침내 1965년 5월 18일 새벽 3시 시리아 보안당국은 엘리 코헨을 다마스커스의 수천명이 모인 광장으로 끌고 나가 공개적으로 교수형에 처했다. 그는 처형당하면서도 끝까지 조국을 잊지 않았다. 사형 직전에 자신의 조국을 향해 눈을 뜬 채 죽겠다고 청해서, 머리에 두건을 씌우지 않고 교수형에 처해졌다. 그의 유언은 자신이 죽은 후 꼭 이스라엘에 묻히게 해달라는 것 뿐이었다.

리더십 이슈 Leader ship Issues

항공모함 함대가 전멸하고, 수백대의 항공기가 격침됨으로써 제2차 세계대전의 전세를 하루아침에 바꾸어 버린 미드웨이 해전의 사례와 조국을 사랑했던 전설적인 스파이의 죽음을 가져온 사례는 모두 순간적인 방심에서 출발했다.

구성원에게 역할과 권한을 명확히 하고, 업무수행방법을 제시하며, 업무와 목표를 명확히 할당하여 구조화하고 효율적인 업무추진을 강조하는 리더십인 '지시적 리더십(Directive Leadership)'은 명확한 업무분장과 체계적인 커뮤니케이션을 통해 효율적이고 빠른 업무추진을 달성할 수 있지만, 너무 목표에만 집중한 나머지 사소한 실수가 커다란 재앙을 가져올 수 있는 단점이 있다.

조직이 '목표지향적'이고 '임무중심적'일수록 조직의 구성원들은 유연성과 적응성을 갖추어야 하는데, 우리가 완벽한 계획에 의해 이루어진 것으로 알고 있는 아폴로호의 달 탐사도 계획에 따라 이루어진 것은 전체의 1% 미만이었다고 한다.

최초에 구상된 계획에서 벗어났을 때, 그들은 언제나 나사(NASA) 본부인 휴스턴으로부터 수정된 명령을 기다리거나 이행하고 있었던 것이다.

* 지휘, 통솔의 출발점은 사람의 마음을 움직이는데 있다.
그리고 그것이 모든 문제의 핵심임을 확신하는데 있다. - 몽고메리 -

03

먼 미래를 내다보는 혜안

❖ 미 육군의 비젼과 혁신

미 육군은 1991년 사막의 폭풍작전을 승리로 이끈 이후 육군참모총장 주도로 약 20년 후인 2010년까지 21세기에 직면하게 될 모든 유형의 도전에 부응할 수 있는 총체적 육군(Total Army Force)을 실전화하기 위한 'FORCE 21계획'을 수립함으로써 정보화시대의 디지털화된 지상군 건설 계획을 차분히 준비하였다.

또한 여기에 그치지 않고 후임 육군참모총장인 라이머(Dennis J. Reimer) 대장의 지침에 의거 2010~2025년 기간중의 미래전쟁을 가상한 'AAN계획'(Army After Next Project)을 수립하여 30년 후인 2020년경에 등장할지 모르는 새로운 차원의 위협에 대응하기 위한 미래비젼을 육군 교육사령부(TRADOC, US Army Training and Doctrine Command) 주도하에 발전시키는 청사진을 작성하였다.

베트남전 종전 무렵인 1973년 창설된 미 육군 교육사령부는 미국 전역에 산재해 있는 27개의 학교기관을 통제하는 교육훈련의 최고 사령부이긴 하나, 그 임무는 '미래전장에 대비하기 위한 육군을 설계'(Architect of America's Army for the Future)하는 것에 집중되어 있었다.

이들이 사용하는 구호도 '내일의 승리가 시작되는 곳'(Where Tomorrow's Victories Begin)으로 모든 업무는 미래를 지향하고 있고 주요부서의 모든 업무가 미래를 목표로 한 발전방향 연구에 초점이 맞추어져 있었다.

교육사령부 창설 이래 가장 큰 성과 중 하나는 베트남전 패배 이후 '공지전투(Air Land Battle)' 교리를 발전시켜 걸프전에서 압도적인 승리를 거둔 사실로 미 육군도 이 부분을 매우 자랑스러워하고 있다. 공지전투 교리는 냉전시대 구 소련을 중심으로 하는 바르샤바 조약기구의 위협을 주요대상으로 발전시킨 교리였으며, 냉전종식 이후 미국의 국익과 세계평화를 위협하는 다양한 적의 개념이 등장함에 따라, 21세기에 대비한 육군건설 추진의 일환인 'FORCE 21계획'의 일부로 효율적이고 능동적인 군사작전을 실시하기 위한 개념 및 교리 정립을 위하여 발전시킨 것이다.

미 육군은 장차작전 이후의 전장, 즉 FORCE 21계획 이후의 미 육군에 대한 연구도 추진하였는데 이것이 바로 'AAN(Army After Next)' 계획이며, 이는 종전의 막연한 미래 연구가 아닌 미 육군 발전의 비젼을 제시하기 위한 구체적인 사업으로, 미 육군이 향후 약 25~30년 후인 2025년의 전략환경 및 미래 전장을 어떻게 전망하고 있으며 또한 이에 대비하여 군사력을 어떻게 발전시키고자 하는지에 중점을 두었고 여기에는 미 육군 교육사령부뿐만 아니라 미 육군의 전 고급지휘관과 민간 연구소 그리고 방위 산업체들도 참가했다.

이 계획은 육군참모총장인 라이머(Dennis J. Reimer) 대장의 지침으로 당시 진행중이었던 21세기 미 육군건설(FORCE 21) 계획과 연계하여 그 이후의 육군발전을 위한 청사진을 제시할 필요가 있다고 판단하여 교육사령부로 하여금 연구에 착수토록 한 것으로, 미 육군의 연구개발(R&D, Research & Development) 계획 및 미 국방성의 군사혁신계획(RMA, Revolution in Military Affair)과 보조를 맞추어 추진하고 계획이 완성되면 공식 문서화하여 육군의 고급지휘관들에게 제공하도록 강조되었다.

미 육군교육사령부 전경과 회의 장면. 이들은 장차작전(FORCE 21계획) 이후의 미 육군에 대한 연구도 추진하였는데 이것이 바로 'AAN(Army After Next)' 계획이다.

이러한 미 육군의 미래대비 연구는 비젼, 개념, 교리의 3단계로 구분하여 추진되었는데, '비젼(Vision)'이란 향후 15~20년 이후의 미래에 중점을 두고 군사력 운용개념을 추상적으로 묘사한 것이고, '개념(Concept)'은 비젼을 보다 구체화한 것으로 8~15년 이후의 군 현대화 계획에 중점을 두고 작성되었으며, '교리(Doctrine)'는 현재의 군 구조로서 가까운 장래(5~7년)에 어떻게 싸울 것인가에 대한 중심사상인데, 여기에 비젼보다 더 먼 미래에 대한 연구를 위해

'아이디어(Idea)'라는 개념의 용어를 사용했다.

또한 이 계획은 미래의 전략환경 연구를 기초로 하여 위협의 강도를 파악하고 모든 형태의 군사작전에서 압도적 지배를 통한 승리를 목표로 하며, 냉전 이후의 다양한 지역별 위협과 2020년 이후의 주요위협으로 러시아와 중국을 상정하고 제3차 세계대전 가능성까지를 가정하였다. 연구의 중점도 모호하거나 막연한 개념을 배제하고 지정학적 정세전망, 군사술의 발전, 과학기술의 발달, 인간 및 조직행동의 발전 등의 4가지 분야에 초점을 두었다.

당시에 그들이 30년 후를 분석한 2025년의 세계는 냉전종식 이후 지역별·국가별 분쟁이 지속되고 미국의 국익을 위협하는 요소, 즉 빈부의 갈등, 민족과 인종의 갈등, 경제적 이해의 상충, 헤게모니 쟁탈을 위한 분쟁, 자원경쟁 등이 심화되어 다국화 분쟁 양상으로 발전될 수 있으며 따라서 미국의 국익을 위협하는 단일 또는 수개의 주요위협이 등장할 것으로 전망했다.

여기에 대응하는 미국의 안보정책으로는 미국 안보를 우선으로 하고, 유라시아 및 태평양 지역 등 미국의 국익 긴요지역에 군사력을 전진배치 시키며, 전략적 기동능력을 과시하여 지역별 헤게모니을 달성하고 규모와 전투능력면에서 월등히 우수한 군사력을 보유해야 하는 것으로 구상했다.

이러한 2025년의 전략환경을 고려하여 육군이 보유하여야 할 특성으로 유연성(Flexibility), 다재다능성(Versatility), 지구력(Durability), 종결능력(Finality) 등을 구상했고, 아울러 평화유지작전에 효율적으로 대처하고, 합동 및 연합작전능력을 보유하며, 해외주둔을 통해 미국의 민주주의와 번영을 과시하고, 우방국과의 군사동맹 구축을 공고히 하는 것을 육군의 발전방향으로 제시하였다.

미 육군이 미래 육군건설의 목표연도를 2010년(FORCE 21)과 2025년(AAN)으로 선정한 것은 전쟁역사의 교훈을 참고로 했는데, 과거의 전쟁사를 통해서 보면 현재의 전쟁에서 취약한 분야를 면밀하게 파악해서 다음 전쟁에서 승리하기 위해 결정적 요소를 발전시킨 기간, 즉 새로운 병법 및 무기체계를 발전시키는데 걸린 시간을 대략 1/2세대(15년)로 보았다.

이는 제1차 세계대전(1918~1922) 종전 후 패전국 독일이 1/2세대만에 무기체계와 전술을 발전시켜 1938년 제2차 세계대전을 일으켰고, 미국이 베트남전(1962~1975) 패배 이후 1/2세대만에 공지전투교리와 무기체계 발전, 미사일 방어, 작전적 기동, 기동의 지구화, 정밀타격, 정보지배 등 전투능력을 획기적으로 발전시켜 1990년의 걸프전에서 압도적인 승리를 가져온 것 등을 참고로 한 것으로 전쟁의 역사에서 1/2세대, 즉 15년은 매우 중요한 의미를 갖는다.

미 육군은 또한 단기간내에 결정적 승리를 달성하기 위해서는 비대칭 군사력을 보유하여야 한다고 인식하고, 대표적인 비대칭 군사력으로 걸프전시의 미 공군력을 제시했다. 아울러 지금 미국이 심각한 도전위협이 없다고 해서 2025년에도 그러할 것이라는 전망은 매우 위험한 것이고 정보화시대의 기술혁명과 무기체계의 발달, 그리고 세계시장의 개방은 주요 위협 국가들이 미사일, 방공무기, 잠수함, C4I체계, 화생방 무기 등 대량살상무기 분야에서 미국의 기술을 역이용하는 비대칭 전략을 추구함으로써, 특정 분야에 대한 집중개발로 미국을 위협하게 될 것으로 예측하였다.

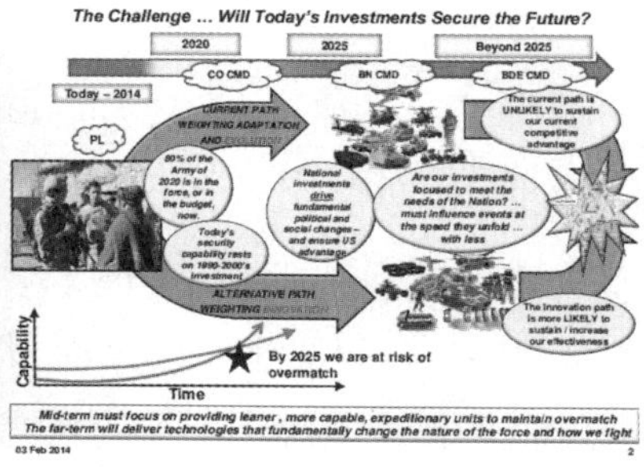

미 육군의 미래대비 연구보고서의 일부. 이러한 연구는 미래의 전략환경 연구를 기초로, 냉전 이후의 다양한 지역별 위협과 미래의 주요위협, 제3차 세계대전 가능성까지를 가정하여 모호하거나 막연한 개념을 배제하고 지정학적 정세전망, 과학기술의 발달 등에 초점을 두고 수행된다.

이렇게 2025년의 미래 전장양상을 예측한 작전개념을 수립하면서 끊임없이 제기된 질문이 과연 미국의 과학기술이 이러한 개념을 뒷받침할 수 있겠느냐 하는 것이었는데, 이 때문에 AAN 계획연구의 최초 단계부터 민간기술분야 및 방산업체가 동시에 참여했고, 미국의 과학기술이 당시의 예측보다도 엄청난 잠재력을 보유하고 있으며, 정보화 시대라는 역사의 흐름은 이를 가속화할 것이라고 전망하였고, 이를 기초로 에너지, 통신, 무인항공기 및 인공위성, 초고속 수송능력(Ultra-fast lift) 그리고 원격통제능력 등 다섯 가지의 과학기술 중점개발 분야를 제시하였다.

미 육군은 이러한 비전설정과 혁신을 각 군의 고급지휘관들에게 브리핑하여 의견을 수렴하고 전술 워게임을 통해 효율성을 확인하였으며, 군 및 민간분야를 망라한 각종 심포지움 등을 통해 공동인식을 확산시켰다.

흥미로운 것은 워게임시 미국의 대통령, 부통령, 국가안보회의(NSC)의장, 국방장관, 합참의장 등 17개의 국가급 주요 정책결심직위가 필요했는데, 이를 위해 상원의원 출신 인사, 전직 대사 및 장관출신, 파월 전 합참의장 등의 인사들을 선임하여 실제 국가정책수립을 가장 효율적이고 유사하게 시뮬레이션 해 보았다.

이렇게 먼 미래를 내다보는 안목은 20년이 흐른 오늘날에 와서 보아도, 종교적 갈등에 기인한 테러 양상을 예측하지 못한 점을 제외하면 크게 예측이 빗나간 것으로 보이지 않는 정확한 판단이었던 것으로 보인다. 미 육군이 미래의 청사진을 설계하고 막연한 계획이 아닌 실현 가능하고 세부적인 발전계획을 실행에 옮긴 것은, 조직의 운영을 책임진 육군참모총장의 미래를 내다보는 리더십과 이를 보좌하는 싱크탱크 역할을 하는 교육사령부 그리고 치밀하게 장기적으로 계획을 세워서 규모의 예산을 투입하고 만족할 만한 결과가 나올 때까지 진득하게 밀어붙이는 미국식 정책수행의 특징이라 볼 수 있다.

미래에 대한 연구는 매우 어려운 작업임에는 틀림없으나 미래를 과학적, 체계적으로 예측하여 대비하는 것은 오직 인간만이 할 수 있는 능력이자 권리이다.

미 교육사령부는 지금 이 시간에도 '미래육군 설계 및 건설'(Designing & Building the Future Army)을 기치로 내걸고, "복합적인 전장에서 승리하기 위해 육군을 변화시키자"(To Change the Army to Win in a Complex World)라는 슬로건으로 무장하여 미래를 만들어가고 있다.

리더십 이슈 Leadership Issues

미 육군이 추진하고 있는 미래설계와 혁신을 보면, 우리가 흔히 경험하는 '막연하고 모호한 구상'에 그치기보다는 '구체적이고 실현가능한 계획'을 수립하여 꾸준히 실행에 옮기는 것이 큰 특징이라 할 수 있다.

우리가 쉽게 이야기하는 변화와 혁신은 그것이 단지 계획작성이나 구상에 그치는 정도의 수준이라면 발전이나 혁신으로서의 의미는 없어진다. 한동안 유행처럼 번졌던 '비젼 2010', '비젼 2015', '비젼 2020' 등 수많은 계획들은 그 계획을 실행에 옮기려는 시도조차 해보지 못하고 구상 자체로 의미를 가졌던 형태가 되어버린지 오래이다.

그런 의미에서 현대사회의 급변하는 환경변화 속에서 발전해온 리더십 이론으로, 구성원들에게 새로운 비젼을 제시하면서 자부심을 심어주고 존경과 신뢰를 얻어 조직의 변화를 이끌어 나가는 리더십인 '변혁적 리더십(Transformational Leadership)'도 리더가 막연하고 모호함을 배제하고 구체적이고 실현 가능한 지침이나 구상을 제시하는 것이 필수적이라 할 수 있다.

* 지도자는 비젼을 가져야 한다.
그러나 더 중요한 것은, 현실적이어야 한다는 점이다.
현실적이지 않은 비젼은 자칫 우리 모두를 파괴할 수 있다.
- 리콴유(싱가포르 총리) -

04

전우애와 전투 심리학

✤ 전장 심리학 연구

전투에서의 불확실성은 사람의 운명을 알 수 없게 만든다. 늘 언제 어디에서든 바로 자신이 죽을 수도 있기 때문이다. 그리고 그 미지의 세계에서 남자들 간의 절실한 연대가 탄생하게 되며 전투에서 이러한 연대야말로 불확실성 속에서 의지할 수 있는 유일한 보루가 된다.

전쟁터에서는 어느 누구도 다른 사람의 도움없이는 살아남을 수 없고, 남을 위해 기꺼이 죽을 수도 있다는 것은 종교에서 조차 쉽게 구현할 수 없는 사랑의 형태이다.

전장 심리학을 다루는 사회학자들이 조사한 바에 따르면 전투를 끝내고 집으로 돌아간다는 것을 제외한다면, 전투에 있어서 최고의 동기부여는 전우들과의 연대, 즉 전우애였고, 이는 이상주의나 자기보호 같은 것들보다 훨씬 더 강력한 동기를 부여했다.

제2차 세계대전시 미 육군 연구소는 전장에서 입원해 있던 부상병들이 군이 정한 복귀일자보다도 더 일찍 부대에 복귀하기 위해

병원에서 사라지는 사례들을 분석해본 적이 있는데, 이는 단순히 용기있는 행동이라기보다는 그들 특유의 형제애에서 우러난 것으로 보았다.

부대에 복귀했을 때 아마 그들이 듣고 싶어하는 말도 "잘 돌아왔어" 정도 이상은 아니었을 것이다. 병상에서 낯선 이들과 지내면서 전방에 있는 자신의 전우들을 그리워하기보다는 자신이 진심으로 믿고 자신을 믿어주는 사람들과 함께 총격전을 벌이는 것이 훨씬 마음이 든든하다는 것이다.

이러한 '집단에 대한 충성심'은 군인들을 다시 전투현장으로 빠져들게 만들며, 때때로 죽음에 이르게도 하지만 그들이 충성하는 그 집단은 그들 앞에서 벌어지는 공포로부터 유일한 심리적 위안을 제공한다. 이들은 전쟁의 원인이나 목적과 같은 거대한 정치적 이유나 명분같은 것들 때문에 적들의 무지막지한 기관총 사격에도 무모한 돌격을 했던 것이 아니라, 자신의 양 옆에 있는 동료들이 그렇게 했기 때문에 달려 나갔던 것이다.

사실 남자들이 이런 행동을 하는 이유는 그것이 올바르다거나 전투에서 이길 수 있을 것 같다는 판단을 했기 때문이 아니라 인류 역사가 진행되어 온 바대로, 남자들은 도망가서 자신의 목숨을 구하기보다는 전장에서 친구들과 함께 죽기를 선택해왔던 것이다.

미 육군의 한 연구에 따르면 유대감이 낮은 그룹의 공수부대원들은 낙하직전에 극심한 불안에 휩싸이는데 반해, 강력한 연대감을 가진 그룹의 팀원들이 주로 걱정하는 것은 '자신이 속한 그룹의 기준에 맞춰 싸울 수 있는가?'라는 것이었다.

포로로 잡혔던 독일군들도 다른 부대와의 연계가 완전히 끊겼을 뿐 아니라 패배가 확실했음에도 불구하고 단위부대들이 저항을 포기하지 않은 것은, 나치정권의 민족주의와 인종적 우월감이 아니라 자신의 양옆에 있는 동료들이 버텨주었기 때문이었으며, 그들에게 필요했던 것은 기본적인 보급지원과 자신들이 가치있음을 느끼는 것 그리고 서로간에 인정받는 것이었다고 진술하였다. 이런 것들이 지속적으로 보장된다면 군인들은 자신이 속한 그룹을 방어하기 위해 끝까지 싸우는데 어떠한 이유도 묻지 않았던 것이다.

제2차 세계대전시 유럽에서의 전투장면. 전투에 있어서 최고의 동기부여는 전우애이고, 이는 전쟁의 이유나 목적, 정치적 명분, 자기보호 같은 것들보다 훨씬 더 강력한 동기를 부여한다(사진출처 : 구글이미지)

1990년대 초 영국의 인류학자가 이러한 유대감을 이루는 집단의 규모를 연구하였는데, 영장류들이 무리를 짓는 규모는 뇌의 크기에 따라 결정되었다. 수렵과 채집으로 생활하는 집단은 대략 90~221명이 한 단위로 그 평균은 148명이며, 신석기 시대에도 대략 150명이 한 부락에 살았고, 로마군이 130명을 한 단위로 보병중대 혹은 백인대로 편성한 것 등을 토대로 인간에게 가장 이상적인 집단의 규모를 추정한 결과 147.8명이었다. 이러한 공동체들은 150명을 넘어서게 되면 또 다른 공동체로 나뉘는데, 이보다 큰 숫자는 유대감을 이루는 한 집단으로 유지되기 어렵다는 것이다.

유전적 시각에서 보면 자신이 죽을 수도 있다는 것을 알면서도 전투행위를 하는 동물은 인간밖에 없다. 인간과 유사한 DNA를 가지고 있는 침팬지는 상대의 영역을 습격해 홀로 있는 수컷들을 죽이는 유일한 유인원인데도, 싸움이 벌어지면 자신의 동료를 구하기 위해 맞서기보다는 도망가는 것을 선택한다.

전투에서의 전우애는 인간에게서만 나타나는 숭고한 행위이자 집단에 대한 충성심이다. 또한, 전투병들에게는 무슨 일이 있어도 함께 붙어있어야 한다는 불문율이 있었는데, 이는 아무도 당신을 포기하지 않을 것이라는 확신이 개개인으로 행동하지 않고 집단으로 움직이도록 유도하는 것이다.

'제2차 세계대전 중 독일군의 유대와 분열'이라는 논문에 의하면 독일군 탈영병들은 자신들이 마치 군대에 적합한 인물이 아닌 것처럼 외톨이로 위장하려는 경향을 보였는데, 그들은 전형적으로 애정을 주고 받는 것에 문제가 있는 이들이었으며, 친구나 가족과의 관계에 문제가 있었던 것으로 밝혀졌다. 이들을 제외한 대부분은 부대원들과 함께 싸우다가 죽거나 부대원들과 함께 항복했다.

독일의 방어선이 붕괴되면서 부대가 와해되기 시작했을 때 싸워야 한다는 생각은 살아야 한다는 생각에 밀리기 시작했고, 바로 그 시점부터 연합군은 독일군의 약점을 파고들어 탈영병들에게 식량과 쉼터는 물론 안전까지 제공하겠다고 선전하여 효과를 보기 시작했다.

한편, 전쟁이 끝나고 나면 또다시 후유증과의 싸움이 시작되는데, 전쟁이 끝나면 마치 그것으로 모든 것이 마무리되어 원래의 상태로 되돌아온 것처럼 느낄것이라고 생각하나 새로운 차원의 고통스러운 후유증이 찾아오게 된다. 이는 전쟁에 직접 참전했던 군인들에게는 물론이거니와 본의 아니게 전쟁의 참화에 휩쓸려 들어갔던 민간인들도 마찬가지로 고통을 겪게 된다.

베트남전을 치른 국민들은 전쟁 후 심각한 고통을 겪게 되었는데, 그들은 무엇보다도 폭력적인 죽음의 사건이나 슬프게 죽어간 사람들에 대한 기억에 사로잡혀 그것을 바로잡지 않는 한 새로운 세계로 출발할 수가 없었다.

깊은 슬픔은 상상의 감옥을 만들어 그들을 더욱 강하게 옥죄었고, 살아남은 자들은 가까운 사람들 중 죽은 자들의 영혼이 출몰하는 경험을 수없이 겪어야 했다. 특히, 억울하게 죽어간 사람들의 시신을 수습하지 못해 그들의 장례식을 치르지 못함으로써, 그들은 우울, 두려움, 수면발작 등과 같은 심각한 정서적·신체적 문제를 겪으면서 고통의 시간들과 싸워야 했다.

1990년 이라크의 침공으로 걸프전쟁의 피해자가 된 쿠웨이트 국민들 역시 전쟁이 끝난 후 여러 고통을 겪어야 했는데, 자신의 집 옆에 버려진 시체를 직접 보거나 텔레비전이나 사진으로 죽거나 다친 사람들을 반복적으로 본 후 이와 관련된 꿈을 자주 꾸기도 했다. 그들은 전쟁의 책임자에 대한 혼란과 이란의 위협으로부터 보호해 준 것에 대해 고맙게 생각하던 이라크의 배신, 쿠웨이트에서 혜택을 누리며 살던 팔레스타인이 이라크를 지원한 것에 대한 심한 배신감으로 심적 고통을 겪기도 했다.

제2차 세계대전시 유럽전쟁에 참여했던 미군 공수부대원들의 이야기를 담은 『밴드 오브 브러더스(Band of Brothers)』에서 한 중대원은 전쟁이 끝나고 퇴역을 한 중대원 중에는 교직을 선택한 이들과 건설과 관계된 일에 종사하는 사람들이 우연치고는 너무 많았는데, 그것은 아마 "파괴와 폭력이 범람했던 시절을 보낸 사람들이 다른 세계에서 창조적인 일을 찾음으로써 상호간에 균형을 맞추기 위함이 아닐까"라고 생각한다고 언급함으로써, 전쟁의 후유증이 오랜 기간 사람의 인성에 영향을 미칠 수 있음을 토로했다.

또한 중대원들 중 일부는 고향으로 돌아와 전원생활을 즐기며, 캠핑, 사냥 등 취미생활을 즐겼는데, 특이한 점은 동물을 사냥할 때 조차도 죄의식을 느끼고, 함부로 동물을 죽이지 않는 점을 보여왔다고 언급했다.

중대원 중 한 명인 고든은 먼저 세상을 떠난 탈버트의 묘비명에 다음과 같이 적어줌으로써 전쟁의 아픈기억을 달래주려 하였다.

> "거의 모든 중대원들이 크고 작은 부상을 입었다. 누구는 다리를 절고, 누구는 눈을 잃고, 누구는 귀를 잃기도 했다. 하지만 우리는 그 고통을 극복하고 각자의 삶에 적응하면서 살아왔으며, 탈버트 또한 마찬가지였다. 그는 악몽과도 같은 전쟁의 기억과 매일같이 힘겨운 싸움을 해왔다. 이제는 자신의 마지막 남은 것을 조국에 바쳤다."

한편, 전투중인 군인들의 심리상태는 우리 신체의 모든 행동을 통제하는 뇌를 중심으로 매우 특별한 반응들을 보이는데, 몇 가지 연구와 조사를 통해 이러한 특이현상들이 관찰되었다.

아프가니스탄의 최전방 전초기지에서 탈레반들과 전투를 벌였던 미군병사는 탈레반의 매복에 걸려 대부분의 소대원들이 죽거나 총상을 입은 전투 과정에서 그들의 신체상태를 묘사했는데, 매복 당시 부대원들은 1~2초간 웅크렸고 바로 몸을 일으켜 고함을 지르며 반격에 나섰다. 이는 우리 뇌의 편도체에서의 신경작용으로 반사신경이 적의 총탄을 피해 몸을 웅크리게 했지만, 이내 뇌의 고급기관들이 일어나 그 위협에 대응하는 것을 결정했던 것이다.

맥박과 혈압은 심장마비를 일으킬 수준까지 올라가고, 아드레날린과 노르 아드레날린의 분비는 하늘높은 줄 모르고 치솟으며, 내장기관의 혈액순환이 폭발적으로 늘어 심장과 뇌와 근육에 피를 홍수처럼 보냈던 것이다. 한 전투원은 "세상 어디에도 이와 비슷한 것은 없어요. 영하 14도에 땀을 흘리기도 하고, 영상 26도를 넘어가는데도 거꾸로 지독한 추위를 느끼게 되죠. 아드레날린이 휘몰아치는 건 상상할 수 없는 경험이지요."라고 전투현장에서의 신체상태를 표현했다.

베트남 전쟁기간 동안 미 해군은 항공모함 함재기인 F-4 복좌형 전투기에서 조종사와 후방석의 항법사가 받는 스트레스 수치를 비교하는 연구를 시행한 적이 있다. 비행이 없는 날과 항공모함에 착함을 한 날에 혈액과 소변 샘플을 채취하여 스트레스를 받을 때, 이에 대응하기 위해 분비되는 '코티솔'이라 불리는 호르몬의 양을 측정한 결과 후방석의 항법사는 매일 상당한 스트레스 수치를 보여주었는데, 이는 그의 목숨이 다른 사람에게 맡겨져 있기 때문이었던 것으로 보였다. 그러나 비행이 있는 날에는 조종사의 스트레스 수위가 훨씬 높았다.

전투중인 군인들과 비행중인 조종사. 이들의 심리상태는 신체의 행동을 통제하는 뇌를 중심으로 매우 특이한 반응들을 보이는 것이 연구와 조사를 통해 관찰되었다(사진출처 : 구글이미지)

비슷한 실험이 베트남전 기간 중인 1966년 남부 베트남의 캄보디아 국경 근처 고립된 캠프에서 미 육군의 특수부대원 12명을 대상으로 실행되었다. 그들은 압도적인 세력의 베트콩에게 공격받을 것이 예상되는 지점에서 작전대기하는 동안 연구원들이 매일 그들의 혈액과 소변을 채취하였다.

이 기지는 적들에게 괴멸될 가능성이 상당히 높았고, 그럴 경우 흔히 말하는 "각자 알아서 해라"라는 명령이 떨어져 있었는데, 장교 2명의 '코티솔' 수치는 공격이 있을 것이라고 예측되는 그날까지 계속 올라가다가 아무 일도 벌어지지 않자 바로 떨어지기 시작했으나, 사병들에서는 정확하게 반대로 나타났다. 그들의 '코티솔' 수치는 공격이 근접할 때까지 계속 떨어지다가 공격받지 않을 것이 확실해졌을 때 다시 올라가기 시작한 것이다.

이 사실에 대해 연구원들이 내릴 수 있었던 유일한 설명은 '예고된 공격에 대한 심리적 방어기제'가 너무 강력하게 작용해 그들 사이에 '도취적 기대'를 일으켰다는 것이다.

즉, 그 특수 부대원들은 자기 자신들에 대한 확신이 지나쳐 때때로 자신들이 전지전능하다고 생각하는 경우를 보여준 것이다. 그들은 행동지향의 개인들로 기질상 자기성찰을 위해 쓰는 시간이 적은 이들이었다. 그들은 기지 주변에 원형 철조망을 쳐놓고 추가로 지뢰까지 설치했는데, 이것은 그들이 어떻게 해야 하는지 가장 잘 아는 일이었고, 이러한 일들을 하는 중에 그들은 평안해질 수 있었던 것이다. 일반인들이 이해하기 어려운 부분이지만, 그들은 열대의 열기보다도 예고된 위협을 훨씬 쉽게 상대할 수 있었던 것이다.

아프가니스탄에 파병되었던 미군 가운데 전투 중 총격전에서 헬멧에 총을 맞아 구멍이 난 상태로 운좋게 살아남은 전투병은 27kg에 달하는 탄약과 9kg이 넘는 기관총을 들고 힘들지 않게 달려갈 때 큰 황홀경을 경험했는데, 이 상태가 하루 이틀 지속되다가 마치 바위처럼 가라앉는 것을 느꼈다고 토로했다.

그는 그때 자신의 상태에 대해 "침대에 누워있으면 '나 진짜 죽을 뻔 했잖아?'라며 총격전이 계속 연상되는 거예요. 내 장례식은 어떻게 치러질까? 내 동료들은 나에 대해 뭐라고 할까? 하는 생각들이 계속 들었어요"라고 진술했다. 그는 정신과 의사들이 말하는 소위 '강박적인 되새김'을 하고 있었던 것이다. 이는 사람마다 차이가 있는데, 일부에게는 평생을 안고 살아야 하는 트라우마로 남게 되기도 한다. 이러한 트라우마는 날카로운 쇳소리와 함께 날아오는 로켓 공격을 받은 이후로 한동안 차 주전자가 끓는 소리나 전철이 멈추는 소리에도 깜짝깜짝 놀라는 사람도 있었다.

또 아프가니스탄 전투원들은 말라리아 처방약인 '메플로퀸'을 알약으로 매주 한알씩 먹어야 하는데, 이 약을 먹으면 아주 끔찍한 꿈을 꾸게 되었다. 이 약은 우울, 편집증, 공격성 증가, 악몽과 불면증이 심해지는 부작용이 있었던 것이다. 이 전투원들은 한 동안 제대로 된 총격전을 겪지 못해 온 몸이 근질거리던 경험을 하기도 했는데, 전투에 빠져드는 이 젊은이들의 정신상태를 보면 약물의 부작용이 아니더라도, 전투 상황에서 서로가 서로의 목숨을 보호한다는 합의는 사람들의 뿌리깊은 곳을 자극하고 신비한 희열을 느끼게 만들었던 것으로 분석되었다.

의학자들의 연구에 의하면 포유류가 어떤 일을 하게 만드는 원시적인 신경학적 메커니즘을 도파민 보상체계라 부르는데, 도파민은 뇌에서 코카인과 비슷한 작용을 벌이는 신경전달 물질로 사람들이 게임에 이기거나 어려운 과제를 해결하거나 임무에 성공했을 때 배출된다. 도파민 보상체계는 남성과 여성 모두에게 존재하지만 남자들에게 훨씬 더 강력하게 작용한다. 그 결과로 남자들이 사냥, 도박, 컴퓨터 게임 그리고 전쟁과 같은 일에 매달리는 경향을 보이게 되는 것이다.

아프가니스탄에 파병되었던 미군 병사들이 전초기지 내에서 침울한 표정으로 돌아다니며 빨리 총격전이 벌어지기를 바라는 것은 그들이 습관적으로 얻었던 양만큼의 엔도르핀과 도파민을 공급받지 못했기 때문이었던 것이다.

전장에서의 공포감에 대하여 제2차 세계대전 기간 중 미군과 영국군은 사람들이 어떻게 자신의 공포를 극복하는가를 알아내기 위한 일련의 연구를 진행했는데, 심리학자 허버트 스피겔(Herbert Spiegel)은 "공포심은 의식적인 것인지 무의식적인 것인지에 대해 논쟁의 여지가 있지만, 무엇보다 중요한 요소는 그들의 조직에 대한 헌신, 그들의 상관에 대한 존경심 그리고 그들이 가지고 있는 대의에 대한 확신에 의해 가장 많은 영향을 받는다."고 분석했고, "공포심은 무엇이든 제대로 돌아가지 못하게 만들고, 두려움에 쌓인 사람은 그가 어떤 훈련을 소화했다고 하더라도 그 상태를 극복하지 못한다."고 언급했다.

그러나 뜻밖의 결과로, 공포가 실제 위험의 정도와는 아주 느슨한 관계를 가지고 있었던 사실도 확인이 되었다. 제2차 세계대전 동안 미군의 공정부대는 가장 격렬한 전투를 치렀지만, 동시에 가장 적은 정신과적 손상을 겪은 부대로 기록이 남아있는데, 이는 전투로 인한 신경쇠약과 실제 전투의 객관적 수준과는 상관이 없었고, 오히려 사람들이 제어할 수 있다고 느끼는 수위에 따라 영향이 있었다고 볼 수 있다. 즉, 일반인들이 작은 위험에도 신경쇠약에 걸리는 것과는 달리 고도로 훈련받은 이들은 지극히 예외적인 수준의 위험한 환경에서도 훨씬 적은 빈도로 정신적 충격을 경험한다.

또한, 영국과 미국의 폭격기 승무원들은 매번 비행에서 70%의 사상자 비율을 기록했지만, 조종을 하지 못하는 포탑 사수들보다 공포를 적게 느낀다고 보고되었다. 폭격기와 비슷한 수준의 사상자 비율을 기록했던 전투기 조종사들은 모두 극도로 낮은 수준의 공포심을 느낀다고 보고되었는데, 그들은 모두 고도로 훈련된 이들이었고, 그들 자신의 운명을 스스로 결정짓는다고 믿었기 때문에 출격할 때마다 자신들이 살아 돌아올 확률이 5:5라는 통계적 현실을 무시할 수 있었던 것이다.

한편, 다소 사소한 부분인 것 같지만 최전선의 군인들을 대상으로 진행된 미군의 연구에서 사무엘 스투퍼는 개인의 책임에 대해 "다른 전우의 안전에 영향을 미칠 수 있는 상상할 수 있는 모든 개인의 행동거지에 대해 조직집단은 자신들의 규율을 개인에게 강제할 수 있는 특별한 권리를 확보하게 된다."고 언급했다.

전장에서의 군인들은 민간인들의 일상사와는 달리 전투원들에 있어 누군가의 전투화 끈, 총기손질, 물, 잃어버린 군용셔츠와 같은 사소한 것들이 다른 전우의 목숨을 좌우할 수도 있으므로, 선을 넘는 개인의 부주의나 실수들에 대해 민감하에 반응하기도 했고, 이러한 실수나 오류가 일어날 경우, 단체기합 등의 조직내 처벌이 가해지기도 했다.

리더십 이슈 Leadership Issues

전우애와 전투심리학에 투영된 리더십은 집단의 의사결정에 의해 훌륭한 결과를 얻을 수 있는 '변혁적 리더십(Transformational Leadership)'으로 이는 종래의 리더십이 전제적 · 수직적인 특징이 강했던 것과 대조를 이룬다. 또한, 지도자의 일방적인 지시 · 명령 · 보상 등에 의해 발휘되는 전통적인 리더십보다 자기 스스로 성취목표를 설정, 자신을 리더로 추대하는 '셀프 리더십'의 전형을 볼 수 있다.

1944년, 미 육군은 전쟁에 참전경험이 있는 보병 600명을 대상으로 "격렬한 전투 때 어떤 장교가 여러분에게 가장 신뢰감을 주었는가?"라는 설문조사를 실시한 결과, '위험속에서도 용감하고 침착하게 모범을 보인 장교'가 31%, '용기를 북돋워주고 대화를 유도하며 농담을 한 장교'가 26%, '병사들의 복지와 안전에 관심을 보여준 장교'가 23%로 나타났다. 이는 구성원들에 대한 계속적인 격려, 지원, 강화를 통해 조직의 리더로 하여금 구성원들의 우수성을 이끌 수 있도록 하는 '피그말리온 리더십(Pygmalion Leadership)'과 부하들에게 자율성과 권한을 부여하여 조직의 구성원 개개인으로 하여금 자기 자신을 스스로 이끌 수 있도록 해주는 '슈퍼 리더십(Super Leadership)' 그리고 구성원을 배려 존중하며, 관심을 보이고, 문제해결을 도와주며, 육성시키는 '후원적 리더십(Supportive Leadership)'의 요소들이 녹아들어 있는 결과라고 볼 수 있다.

* 남부 캘리포니아 고도의 사막에서 미 육군의 병사들은 전투기량 숙달을 위한 칼날을 갈고 있다. 미국의 자유를 수호하기 위하여 계곡은 결코 험하지 않으며, 도로는 결코 거칠지 않고, 산은 결코 높지 않다.

– 미 NTC(National Training Center, 국가급 훈련장) 소개책자 –

미군 군수지원의 요체 '사전배치 시스템'

전 세계를 대상으로 군사작전을 수행하는 미군은 유사시를 대비해 분쟁지역에서의 신속한 군수지원을 보장하기 위해 전구단위로 주요지역에 긴요장비와 물자를 미리 배치, 저장해 놓는다. 또, 작전지역에 신속한 부대투입을 위해 전투임무 수행에 필수적인 장비와 물자를 사전에 선적해 놓은 사전배치선박을 전 세계 해상의 전략적 위치에서 운용한다.

흔히 '사전배치체계'로 불리는 이 시스템에서 지상에 사전배치・저장돼 있는 장비와 물자, 즉 '육군사전배치재고(APS, Army Prepositioned Stocks)'는 전차대대・기보대대 단위로 중동, 태평양지역 등 주요 분쟁예상지역에 비축해 놓는데, 단지 저장에만 그치지 않고 순환정비 및 치환, 기동 및 화력시험 등을 지속적으로 수행한다.

우리 한반도 지역에서도 주요 연합훈련시 기지에 비축돼 있는 사전배치장비를 전방지역으로 이동시켜 사격과 기동을 시험하는 훈련을 실시한다. 또 훈련 후에는 이 장비들을 미국 본토로 이동시켜 순환정비 후 재배치시키는 개념으로 운용하고 있다.

와는 별개로 특정지역에 우발사태가 발생할 경우 대량의 긴요장비와 물자를 신속하게 투입하기 위해 운용되는 사전배치선박은 육・해・공・해병・국방성의 주도하에 독립적으로 운영되고 있는데, 미 수송사령부(US TRANSCOM) 예하 해상수송사령부(MSC, Military Sealift Command)가 통제하며, 합동작전 수행 간 각군 및 기관 간의 협조와 통합이 긴밀하게 이뤄진다.

1990년 제1차 걸프전 당시, 군단급 규모의 전력을 걸프만 지역에 전개했던 미군은 거의 모든 항만 하역시설의 파괴와 피해로 화물하역이 불가능한 난감한 상황에 봉착했는데, 이때 강력한 힘을 발휘한 것이 바로 '육군 사전배치선박

(APS, Army Prepositioning Ships)'이다.

이 선박은 6만5000톤급의 거대한 대형 중속 자주 적하화(LMSR, Large Medium Speed Roll-on Roll-off) 형태의 선박으로, 셀 수 없이 많은 전쟁 긴요물자를 양륙항만에 쏟아내면서 걸프전 초기 작전수행에 신속하고도 완벽한 군수지원을 가능케 했다.

일명 'RO-RO(Roll-on Roll-off)선'으로 일컫는 이 선박은 길이가 290여 미터로 항공모함급 다음으로 큰 클래스의 선박이며, 미군의 막강한 해상수송능력을 확장시키는 핵심전력으로, 선박에 장착된 회전선미 진출입 램프를 통해 200톤에 달하는 거대한 궤도장비까지 선적 및 하화가 가능하다.

또한, 선내의 6개 층으로 이뤄진 화물데크는 전체 면적이 축구장 7개의 넓이와 맞먹는 35만 평방피트로 궤도장비나 차륜차량이 일방향으로 진행하여 신속한 적재와 하화가 가능토록 설계돼 있어 총 선적물량의 적재와 하화가 96시간 이내에 가능하며, 2개의 대형 선박 크레인은 각각 최대 110톤의 화물을 선박에서 부두로, 또는 해상의 바지선으로 직접 하화가 가능토록 해준다.

이와 같이 유사시에 신속하고 민첩한 작전을 가능케 하는 완벽에 가까운 군수지원은 미래의 다차원 공간으로 확대된 전장에서 치러질 것으로 예상되는 복잡한 작전에서 군수지원에 필수적인 요소로 작용할 것으로 판단된다.

미군의 '다기능 모듈화' 부대개편

미 육군의 개혁 중 2004년 의회 승인을 받아 중장기 과제로 추진하고 있는 '모듈화 부대 편성'은 군이 미래의 다양한 위협과 새로운 국제안보질서를 대비하는 구조로 바뀌어야 한다는 공감대가 형성되어 전장에서의 동시 다발적인 상황대처나 원거리 작전지역으로의 신속한 이동을 위한 시도이다.

이를 위해 기존 부대를 전투부대와 이를 지원하는 지원부대의 모듈화된 부대형태로 개편 중이다. 이러한 모듈화 편성은 독립적인 기능과 역할을 가진 단위기능부대들을 작전목적에 따라 조합해 운용하는 것으로, 마치 각각의 고유한 기능을 가진 레고조각들을 임무에 맞도록 맞추어 전장환경에 대응하는 개념이라 할 수 있다.

예를 들어 군수지원부대는 작전, 전투부대의 지원소요를 제대별로 모두 충족시키려는 기존의 편성개념에서 탈피하여 기능이 포함된 표준화한 지원여단으로 편성하여 운영하다가 특정임무를 부여받은 전술부대에 필요한 기능별 부대를 선별, 추가로 조직하여 지원하는 것이다.

이는 사막·시가지·산악지역의 다양한 환경에서 전투를 수행해야 하는 미 육군이 미래의 변화된 전장환경과 전투방법에 긴밀하게 적응하기 위해 시대적·상황적 요구를 수용한 결과물이라 볼 수 있으며, 전투부대는 기존의 부대보다 융통성 있고, 강하며, 원정작전이 용이하고, 자체 군수지원능력이 우수한 부대로의 개편이 핵심요소라 할 수 있다.

이러한 모듈화 군으로의 개편을 통해 전투여단은 보병대대는 축소 편성되었지만 항공협조·독립작전수행 등의 기능이 향상됐고, 항공수송을 통한 부대전개 시 수송소요가 C-17 전략수송기 기준으로 98회에서 82회로 감소해 작전배치가 쉬워졌다.

특히 군수지원부대의 변혁은 첨단장비를 활용하여 가용자산을 실시간에 파악하고 적시적으로 전투부대를 근접지원하는 데 중점을 두고 있는데, 지휘구조를 축소하고 해외작전 지원을 위한 부대도 창설되었다. 군수지원부대는 지원시간을 단축하고 최적의 재고를 유지하기 위해 '총체적 자산가시화(TAV, Total Asset Visibility)' 시스템 등 발전된 물류개념과 자동화된 네트워크 시스템을 통해 본토의 물자창고로부터 전투지대의 참호까지 물류의 흐름을 추적하는 데 역점을 두었다.

이와 같은 미군의 모듈화 부대개편은 세계 최강의 전투력을 갖췄음에도 대내외의 새로운 환경에 적응할 수 있는 '경량화된 강한 군대'를 건설하기 위한 끊임없는 노력의 일환으로 해석할 수 있다.

조직의 정신적 덕목과 가치관

"복잡하고 예측 불가능한 미래 전장환경과 위협속에서 군인들은 사건에 대한 빠른 적응력, 원숙한 감성, 숙련된 의사결정력을 갖추어야 한다." 미 육군이 2025년 이후 미래 전장에서 장병들에게 필요한 가치관, 덕목 등에 대해 연구를 담당했던 미 통합능력센터에서 발간한 문서에 기록되어 있는 내용이다.

한 조직이 기능을 충실히 발휘하기 위해서는 조직의 정신적 덕목과 가치관이 조직의 목표에 정확히 맞추어져 있어야 함은 당연한 이치인데, 미 육군에서 가장 강조하는 부분은 전사적 기질(Warrior Ethos)이다. 이는 군인정신을 가리키며 모든 장병들이 전투에서 승리하여 국가와 국민을 보호해야 하는 군인으로서 마땅히 갖추어야 할 정신적·육체적 덕목과 같은 것으로, 이는 '미 육군 가치관(Army Values)'과 '군인신조(Soldier's Creeds)'를 중심으로 장병들이 전사로서 갖추어야 할 핵심 덕목으로 제정되어 사용되고 있다.

미 육군 교육사령관을 역임한 스태리(Donn A. Starry) 장군은 '인류가 보편적으로 가지고 있는 가치관의 테두리 밖에 별도로 군인의 가치관이 있어야 하는가?'라는 기존의 의구심에서 벗어나 명료하고 논리적인 군인을 위한 가치관을 마련해야 할 필요성을 느꼈고, 이러한 필요성을 충족시키는 육군 가치관으로 4C, 즉 '공평무사(Candor)', '헌신(Commitment)', '용기(Courage)', '능숙함(Competence)'을 제시했다.

그는 군인 가치관의 필요성으로, "군복무는 상당히 독특한 전문직에 종사하는 것이고, 법에 의해 싸울 것이 요구되며, 한계의 끝까지 힘들게 일해야 하며, 위험에 연루되지 않을 수 없고, 항상 시간에 쫓긴다. 또 초과근무, 자주 옮겨다니는 생활, 가족과의 생이별, 보직이동, 포기할 수 없는 과업, 전쟁과 평화를 다루는 막중한 책임감, 생명의 헌신 등 민간의 직업과는 비교할 수 없는 것이다. 군복무는 직업이 아니다. 그것은 우리같이 군을 선택한 사람의 인생 그 자체이다"라며 군인에게 별도의 가치관이 필요하다고 역설했다.

오늘날 미 육군의 가치관은 발전을 거듭하여 '충성(Loyalty)', '의무(Duty)', '존중(Respect)', '헌신(Self service)', '명예(Honor)', '성실(Integrity)', '개인적 용기(Personal courage)' 등 7개 덕목으로 정리되었고 머리글자를 따서 'LDRSHIP'으로 표현된다.

한편, 미 육군의 군인신조(Soldier's Creeds)는 육군의 전 장병에 통용되는 기본정신을 집약한 것으로 자기수련과 정신적 강인함, 의지와 결단력, 자신감과 책임감, 희생정신과 헌신, 필승의 신념, 기술적・전술적 전투준비 등을 담고 있다. 군인신조는 다음과 같은 12개의 구절로 되어있고, 군사시험을 치를 때나 중요한 의식이 있을 때 항상 암송하며, 모든 구절이 '나는(I)'으로 시작한다.

나는 미국 군인이다.
나는 전사이며 조직의 일원이다.
나는 미국 국민을 위해 봉사하고 육군 가치관대로 살아간다.
나는 언제나 임무를 최우선으로 한다.
나는 결코 패배를 인정하지 않는다.
나는 결코 포기하지 않는다.
나는 결코 쓰러진 전우를 버리지 않는다.
나는 임무수행에 있어서 정신적, 육체적으로 강하고 숙련되도록 연마한다.
나는 항상 무기, 장비 및 자신을 관리한다.
나는 전문가이고 직업군인이다.
나는 근접전에서 신속히 전개하여 적과 교전하고 격파할 준비가 되어있다.
나는 자유와 미국인의 삶의 가치를 지켜갈 수호자이다.

·4·

감동과 교훈의 리더십

훌륭한 군인이 되기 위해서는 군을 사랑할 수 있어야 한다.
훌륭한 장교가 되기 위해서는 자신을 사랑하는 것들도 기꺼이 희생시킬 수 있는 명령을 내릴 수 있어야 한다.
이는 매우 어려운 일이다.
군인 외에 어떠한 직업도 이와 같은 것을 요구하지 않는다.
이것이 우리에게 좋은 사람이 많아도 훌륭한 장교가 적은 이유이다.
자신을 통제할 수 없는 지휘관은 부대를 지휘할 권한이 없다.

– Gen. Robert E. Lee(미 남부연합군 총사령관, 1807~1870) –

01

그들은 극찬받을 만한 자격이 있다

✤ 밴드 오브 브러더스(Band of Brothers)

제2차 세계대전에 참전했던 지상 최강의 보병중대인 미 육군 506공수보병연대 E중대는 노르망디 상륙작전 당일 새벽 낙하산을 이용하여 프랑스 영토로 강하하여 베르쉬테스 가덴에 위치한 히틀러의 요새 독수리 둥지를 점령하기까지 가장 위험하고 힘든 임무를 수행해왔다.

1942년 여름 유럽 전역이 3년간 계속된 전쟁의 수렁 속에서 시름을 겪던 시기에 사상 최초로 창설된 미 육군 101공수사단은 농부나 광부, 시골 벽촌 태생으로 세상구경도 제대로 못 해 본 순박한 사람과 꽤 넉넉한 중산층 출신으로 대학을 다니던 사람 등 평범한 청년에서 어느 날 갑자기 군인이 된 사람이 대부분이었다.

이들은 각기 출신지역과 성장배경이 천차만별이었지만 그들에겐 공통점이 몇 가지 있었다. 그들은 제1차 세계대전 이후에 태어난 젊은 세대들이었고, 철저한 유색인종 분리정책으로 전 대원이 백인으로 구성되었으며, 대부분 고교시절에 사냥이나 운동을 경험한 상태여서 기초체력도 웬만큼 갖추고 있었다.

젊디젊은 그들은 스릴과 자부심을 동시에 느끼고, 월급 외에 주어지는 강하수당을 받기 위해 이 부대에 자원했지만 이런 것은 겉으로 드러난 이유일 뿐, 그들은 평범함을 거부하는 욕망 때문에 그리고 나약한 일반부대의 병사들보다는 공격의 최선봉에서 활약하는 강인한 전우들이 곁에 있는 공수부대에 지원했던 것이다.

TV 영화 시리즈로 우리에게 널리 알려진 '밴드 오브 브러더스(전우)'는 101공수사단 506공수보병연대 E중대원들의 진한 전우애를 파노라마처럼 보여주는 역사 다큐멘터리로, 여기에서는 150%의 엄청난 사상률에도 불구하고 용감하게 싸웠던 중대원들이 어떻게 추위와 배고픔을 이겨내고 싸웠으며, 또 어떻게 죽어갔는지를 리얼하게 보여준다.

제2차 세계대전에 참전했던 지상최강의 미 육군 506공수보병연대 E중대원들의 활동모습. 이들은 평범함을 거부하는 욕망 때문에 그리고 나약한 일반부대의 병사들보다는 공격의 최선봉에서 활약하는 강인한 전우들이 곁에 있는 공수부대에 지원했던 것이다(사진출처 : 구글이미지)

또한 영화 시리즈의 기본이 된 책의 저자 스티븐 앰브로스는, 노르망디 상륙작전 50주년에 맞춰 E중대원의 이야기를 책으로 발간하기 위해 대원들의 편지를 비롯한 각종 기고문을 수집하고, 생존해 있는 중대원들을 일일이 찾아 오랜 시간에 걸친 인터뷰를 기반으로 영웅들의 이야기를 생생하게 재현해냈다.

평범한 군인이었던 E중대원들은 중대장 소벨 대위, 소대장 윈터스 중위 등을 중심으로 혹독한 훈련을 거쳐 정예 공수대원으로 변모했으며, 공수훈련을 마친 대원에게는 최고의 자부심을 나타내 주는 강하휘장·부대마크·공수부대용 군화·셔츠 등을 착용할 권리가 주어졌다. "그런것들은 지금보면 그리 대단할 것도 없겠지만, 그 당시에는 목숨과도 맞바꿀 정도로 가치가 있는 것이었다."고 중대원들은 회고한다. 훈련 중에 있던 그들은 공수훈련을 통과한 뒤 가슴에 공수기장을 달고다니는 부사관들을 마치 신처럼 우러러 보고 있었다.

조지아주의 캠프 토코아에서 시작된 기초훈련은 체력단련과 기초 보병전술, 공수훈련을 거쳐 전장에 필요한 소수 정예요원을 키우는 과정으로, 거칠고 혹독한 훈련을 통해 능력이 안되는 대원들을 도태시키고, 뚱뚱한 사람과 마른 사람을 가려내며, 소심하고 용기가 부족한 병사들을 끊임없이 솎아내었다.

그들의 훈련은 나중에 연대의 구호가 된 커레히 산을 시도때도 없이 오르내리는 것으로부터 지옥같은 장애물 코스 통과, 백병전과 총검술, 완전군장 야간행군, 공수훈련 등 모든 훈련은 하나로 쏟아져 나오는 함성과 반복구호 그리고 군가제창으로 이어졌으며, 양념거리로 항상 욕지거리가 따라다녔다.

젊은 징집병사들이 문화적인 제약없이 남성들로만 구성된 사회에 던져졌을 때 그들의 출신이나 성장배경이 어떻든 간에 한 가지 형태의 집단언어에 자연스럽게 익숙해지는데 그것이 바로 욕이었다. 그들은 무슨 말을 하기 전에 항상 욕을 앞에 달고 시작했다.

훈련은 즉각적이고 맹목적인 복종을 요구했고, 사소한 위반이라도 현장에서 바로 얼차려가 가해졌다. 육체의 한계를 버텨내고 훈련과정을 마치며 굳은 결심을 맹세한 부대원들은 자신이 상상했던 것보다 훨씬 강해졌으며, 불행을 함께 나누고 동료 대원들과 보조를 맞추어 행군하며 군가를 부르고, 모든 경험을 공유하면서 그들은 하나의 거대한 가족으로 거듭났다.

일과후의 일상은 여느 부대와 마찬가지로 영내 PX에서 맥주를 나누어 마시며, 밤이 깊어가면 항상 그렇듯 누군가 시비를 걸기 위해 일부러 어머니나 애인, 고향, 출신지역 등을 욕하면서 싸움으로 이어져 마치 군복만 입혀놓은 아이들처럼 코피가 터지고 얼굴이 시퍼렇게 멍들곤 하였다. 그리고는 전쟁에 대해 실컷 욕지거리를 한 후 서로를 부축하고 비틀거리며 막사로 돌아갔다. 주먹다짐을 했던 대원들은 또 그렇게 친한 동료가 되어 갔고, 전우는 친구나 형제보다 더 가까웠으며 연인과는 또 다른 의미를 지니고 있었다.

처음으로 유럽전선의 노르망디 상륙작전에 투입된 E중대 139명은 6월 6일 C-47 수송기를 타고 적진 한가운데로 낙하해 치열한 전투현장에서 수많은 상륙군의 생명을 구해냈고, 특히 기갑부대의 해안상륙을 수월하게 해 작전 성공에 기여했다.

치열하고 숨막히는 전투가 말해주듯 6월 29일 전선에서 후퇴할 때까지 중대원 중 74명만이 살아 남았다. 윈터스 중위는 전장에서의 긴 하루를 보낸 후 일기장에 "나는 무릎을 꿇고, 오늘 내가 살아남은 것에 대해 하느님께 감사드렸다. 그리고 내일도 나와 함께 하시길 간청했다."고 간절한 심정으로 적었다.

이후 E중대는 노르망디에서 네덜란드를 거쳐 바스톤느, 독일 본토로 진격했고 마침내 알프스 산중의 히틀러 요새지인 베르쉬테스가덴까지 격렬한 전투를 거치면서 제2차 세계대전의 승리를 확정짓는 핵심 전투부대로서의 주역을 담당했다.

아이젠하워 장군은 전체 전황에 대한 신속한 결정을 내렸는데, 교통로가 집중되어 있는 바스톤느 지역을 확보하기 위해 프랑스 전역에서 활동하고 있던 수백만대의 트럭과 트레일러에 현재의 모든 업무를 중단하고 지원병력을 바스톤느 인근의 아르덴느로 실어나르는 지원작전을 명령했다. '레드볼 익스프레스(Red Ball Express)'로 명명된 이 작전은, 대부분 흑인으로 구성된 유명한 '수송단(Tr-ansportation Corps)'과 운전병들의 헌신적인 노력으로 기적적인 결과를 가져왔다. 한번에 1만대 이상의 트럭과 트레일러가 6만명 이상의 병력과 탄약, 유류, 의료품, 기타 장비들을 아르덴느로 수송함으로써, 전투 첫주에 25만명의 병력과 5만대의 장비를 전장으로 이동시킬 수 있었다.

노르망디 상륙작전에 투입된 E중대. 이들은 적진 한가운데로 낙하해 치열한 전투를 벌여 작전성공에 기여했다(사진출처 : 구글이미지)

이러한 과정에서 특히 눈에 띄는 점은 E중대 중대원 간의 팀워크나 리더십을 바탕으로 한 상호간의 신뢰가 어느 조직보다 강했다는 점이다. 전투과정에서 미국·영국군 간의 부실한 연합작전, 마치 제1차 세계대전을 연상시키는 정체된 전선에서의 참호전에 휘말린 혹한의 전투, 독일군과의 근접전투와 보전협동전투, 그 와중에서도 전우들이 전장을 이탈하기 위해 스스로 부상을 자초하려는 유혹과의 싸움 등이 사실적으로 표현된다.

소대원 중 한명인 웹스터가 부모님께 쓴 편지에 "저는 살아 있는 이 시간이 너무도 소중하다는 것을 압니다. 하지만 제가 다음 강하 때 살아남으리란 장담은 못합니다. 만일 제가 집에 돌아가지 못하더라도 너무 슬퍼하지 마십시오. 이곳에서는 죽음이란 것이 특별한 일이 아닙니다 ..."라는 표현은 전장에서의 생사의 갈림길에 서있는 병사의 회한과 비장함이 묻어난다.

E중대는 제2차 세계대전 막바지의 치열했던 전투에서 모든 장병이 하나가 되어 주어진 임무를 완수했으며, 그들은 포위됐다는 공포와 패배의 두려움 속에서도 용기를 잃지 않았고 육체적인 고통과 추위, 식량 부족에도 유머를 잃지 않았으며, 독일군의 항복 요구에도 굴하지 않고 당당히 맞섰고, 그 원동력은 바로 끈끈한 전우애였다.

그들은 다른 전우를 위해 배고픔이나 추위를 참았으며, 심지어 목숨까지도 내어줄 정도로 의리를 지켰고, 위급한 상황에서도 나중 일은 신경쓰지 않고 전우를 탈출시키거나 보호하려고 애썼다.

E중대원들의 전투투입과 전투장면. 이들은 짧은 기간 동안 대부분의 사람들이 평생 경험한 것보다 훨씬 많은 경험을 했고, 인생의 가장 소중한 청춘을 조국에 바쳤다(사진출처 : 구글 이미지)

1945년 11월 30일, 제101공수사단이 해체되었다. 이제 E중대는 더 이상 존재하지 않았다. 3년간 대원들은 대부분의 사람들이 평생에 걸쳐 경험하고 견뎌내고 기여한 것보다 훨씬 많은 것들을 해냈고, 인생에서 가장 소중한 부분인 청춘을 조국에 바친 것이다. 수십명의 중대원들이 생명을 조국에 바쳤고 100여명이 부상을 당했으며, 대다수의 대원들이 최소 1번 이상의 부상을 당했고 대부분 부상으로 인한 심한 후유증에 시달렸다.

그들은 군대의 속성에 갑갑해 했고, 피와 학살, 비참함으로 요약될 수 있고 인간으로 하여금 불가능한 것을 요구하는 전쟁의 추악함과 파괴성을 싫어했으며, 전우를 배신하는 행위를 증오했다. 그럼에도 불구하고 그들은 모두 그 시기가 인생에 있어서 최고의 순간이었다고 말한다. 그들에게는 이기심이 없었으며 자신들보다 참호 속의 동료를 먼저 생각했고, 기꺼이 그들을 위해 자신의 생명을 내줄 수도 있었던 것이다.

종전 후 그들은 자신의 잃어버린 시간을 보상받기 위해 미국 제대군인원호법에 의해 대학에 진학했고, 가급적 빨리 결혼하여 가정을 이루었다. 대부분의 대원들은 군복무 시절의 긍정적인 경험인 결심, 꿈, 노력과 자신감, 자제력, 복종심 덕분에 그렇지 않은 사람에 비해 삶의 질이 눈에 띄게 성장했다.

어떤 이는 부자가 되었고 어떤 이는 권력을 가졌다. 하지만 대부분의 사람들은 자신들만의 집을 짓고 직업에 충실하며, 가족을 부양하면서 그토록 누리고 싶어했던 자유를 멋지게 누렸다. 그들은 최고가 되고 싶었고, 최선을 다하고 싶었기에 공수부대에 자원했고 결국 성공했던 것이다.

그들은 지금 여러 곳에 흩어져 살고 있지만 아직까지 동료들의 아내와 가족은 물론 집안의 대소사를 모두 알고 있으며, 정기적인 모임 외에도 수시로 편지와 전화를 주고받고 있다. 그들은 어려울 때면 서로 도왔는데, 이 뜨거운 전우애는 단지 우연히 같은 부대에 소속돼 3년간 전투를 치렀다는 하나의 이유만으로 이제껏 끈끈하게 이어져 오고 있는 것이다. 인터뷰에 응한 E중대 참전용사들은 내무생활, 가혹한 훈련, 치열한 전투 그리고 그 속에서 피어난 전우애 등을 세세하게 기억해 내고 있었다.

리더십 이슈 Leadership Issues

『밴드 오브 브러더스』에서 보여주는 다양한 리더들의 캐릭터와 리더십의 형태는 많은 부문에서 인용이 되고 있으며, 리더십 케이스 스터디 사례로서 사용되고 있다.

여기에서는 부대원들이 장교, 부사관 등 간부들에 대한 개인적인 평가와 리더십이 적나라하고 솔직하게 표현되었는데, 지휘권을 악용하고 부하대원들 위에 군림하면서 독단적으로 권력을 행사하는 전형적인 무능한 중대장 소벨 대위의 '권위적 리더십(Authoritative Leadership)'과, 대원들의 존경을 한 몸에 받는 소대장 윈터스 중위가 부하들에게 자율성과 권한을 부여하여 구성원 개개인으로 하여금 자기 자신을 스스로 이끌 수 있도록 해주는 리더십인 '슈퍼 리더십(Super Leadership)'을 구사하는 것이 큰 대조를 이룬다.

또한 군대조직에서 리더십의 미묘한 흐름도 발견할 수 있는데, 악독한 중대장 소벨 대위의 지독한 간섭과 혹독한 훈련은 역설적이지만 그에 대한 불만 속에서 내부결속을 가져와 오히려 중대원들의 단결을 더욱 공고히 했고, 이것이 결국 실전에서 자신들의 목숨을 구해준 결과를 가져왔다고 중대원들이 평가하기도 했다.

그러나 무엇보다 눈에 띄는 점은 E중대 중대원 간의 팀워크나 자기 자신의 내면에서 발휘된 '셀프 리더십(Self Leadership)'을 바탕으로 한 상호간의 신뢰가 어느 조직보다 강했다는 점이고, 그 원동력은 바로 끈끈한 전우애였다. 이러한 전우애는 다른 전우를 위해 배고픔과 추위를 참았고, 목숨까지도 내어 줄 정도로 의리를 지켰으며, 위급한 상황에서도 나중 일은 신경쓰지 않고 전우를 탈출시키거나 보호해 줄 수 있었던 것이다.

* 당신의 병사들은 당신이 얼마나 지식이 많은가보다는, 그들에게 얼마나 많은 관심을 갖고 있는지 알고 싶어 한다.

- Robert Springer 중장(미 공군 감찰실장) -

02

영혼을 지휘하는 리더십

✤ 5성 장군과 4성 장군의 리더십

제2차 세계대전을 승리로 이끌며, 미국 군대 역사상 5성 장군의 계급장을 부여받은 총 5명의 육군 원수들 중 마셜, 맥아더, 아이젠하워 장군과 4성 장군의 지위에 올랐던 패튼 장군의 삶과 리더십이 흥미로운 에피소드들과 함께 기록된 에드거 퍼이어의 '영혼을 지휘하는 리더십'은 우리에게 리더의 성장과정을 통해 내면에 자리잡고 있는 리더십의 감추어진 측면을 설명해 준다.

그는 회고록이나 자서전, 위인전이 어떤 인물의 장점과 좋은 점을 주로 부각시키는데 반해, 역사상 한 획을 그었던 4명의 뛰어난 리더들의 친구, 사관생도시절 급우, 부하, 상관, 동료 등 수백명을 인터뷰하고, 서신교환을 통해 얻은 수많은 일화와 경험들을 종합하여 이들의 리더십을 심층 분석하였다.

1880년생 동갑인 마셜과 맥아더는 1901년 버지니아 주립 사관학교를 졸업한 마셜이 1903년 웨스트포인트를 졸업한 맥아더의 군 2년 선배이고, 1885년생인 패튼은 이들보다 5살 어리며, 아이젠하워는 1890년생으로 10살 어리다.

이 저서에서는 이들의 사관학교 생도시절부터 장교로서의 군생활과 리더십, 위대한 군인으로서 이들의 발자취를 심층깊게 살펴보았고, 위대한 리더로서 이들이 지녔던 공통된 특성으로 인격, 결단, 정열, 인내와 용기, 준비 그리고 이들에게 주어졌던 행운에 대해서 상세하게 설명한다. 또한 이들이 리더로서 가지고 있는 가치관, 훈련 및 군기, 부하의 사기 및 복지, 인재등용에 대해 분석하였고, 각각의 리더들이 보유하고 있던 정치철학, 언론대응, 의회대응 등에 대해서도 분석하였다.

미국군대 역사상 5성 장군의 계급장을 부여받은 총 5명의 육군원수들 중 마셜, 맥아더, 아이젠하워 장군과 4성 장군의 지위에 올랐던 패튼 장군(왼쪽부터)(사진출처 : 구글이미지)

마셜은 당시 환경이 매우 열악했던 버지니아 주립사관학교(VMI)에 입학했는데, 당시 버지니아 주립사관학교의 생도생활은 엄격한 스파르타식이었고, 요즘의 생활에 비추어보면 아주 원시적이었다. 융통성 없는 엄격한 규율로 인해 1897년 입학했던 100명 이상의 생도들 중에서 34명만이 1901년 6월 졸업에 성공했다. 그는 '생쥐'라 불리는 혹독한 1학년 생도시절을 거쳐야 했고, 대검에 엉덩이가

찔려 피가나게 만드는 선배들의 가혹행위도 의연하게 버텨낸 마셜은 사관학교에서 연대장 생도로서 리더십을 발휘하였고, 훗날 미국의 육군참모총장, 국무장관, 국방장관을 역임하였다.

더글러스 맥아더의 아버지 아서 맥아더는 남북전쟁과 스페인 전쟁에서 큰 명성을 떨친 장교였다. 그는 어린 시절 전장에서의 뛰어난 지휘관이자 군인을 천직으로 생각하고 일하는 부친의 가르침 속에서 점차 아버지를 닮아갔다. 유복한 가정에서 자란 맥아더는 육사 1, 2학년 때 1등을 놓치지 않았고, 생도로서 맥아더의 경력은 한마디로 '화려했다'. 그는 수십 년 동안 깨지지 않은 사관학교의 최고 성적을 기록하며, 수석 졸업의 영예를 안았다. 연대장 생도의 계급으로 수석 졸업의 영예까지 차지한 생도는 웨스트포인트 100년 역사상 그를 포함해 오직 세 명뿐이었다.

그가 성공적으로 사관학교 생활을 할 수 있었던 것은 타고난 총명함과 책임감, 결단력, 성실성과 최고가 되고자 하는 열정 때문이었으며, 학업에 집요하게 몰두했지만, 또한 책벌레라는 별명이 붙지 않을 정도로 군사 분야에도 뛰어났으며 운동에도 열성적이었다. 또한 그는 근무 중에는 과묵했지만, 그 이면에는 따뜻하고 친근한 인간적인 모습이 숨어 있었다.

이처럼 다방면에서 능력을 가졌으면서도 그 능력들을 균형있게 조율하며 모든 일에 열의를 갖고 임했던 그는 38세에 장군으로 진급을 하였고, 미 육군 역사상 최연소 육군사관학교장, 최연소 4성 장군, 최연소 참모총장의 기록을 세웠다.

패튼은 생도시절 수학에서 낙제를 해 1학년 때 1년 유급 등 학업 성적이 그다지 좋지 않았지만 군대생활에 제일 중요하다고 생각한 훈련규정 과목에서는 전체에서 2등을 차지한다. 그만큼 그는 모든 규정준수에 철저했고, 원리원칙을 고수했으며, 생도시절 패튼이 보였던 군인기질은 급우들에게 지울 수 없는 인상을 남겼다.

그의 동기생 플레처 대령은 편지에서 "아직도 나는 그의 모습이 생생합니다. 큰 키에 반듯한 체격, 딱 맞는 제복에 티 한 점 없는 장식을 달고 있는 그의 모습이 떠오릅니다. 그는 외모에서뿐만 아니라 모든 면에서 빈틈없는 군인이었습니다."라고 썼고, 또 다른 사람은 "그의 전체적인 외모, 행동, 말투 그리고 그가 했던 모든 일, 그 중에서도 특히 군사적인 면에 대해 보여준 강한 열의는 생도시절 많은 이의 이목을 집중시켰습니다."라고 언급하였다.

전장에서의 패튼은 군단과 사단 사령부를 자주 순시하기는 했지만, 그들의 활동에 간섭하지는 않았다. 그는 부하들에게 '어떻게' 해야 하는지 말해주어서는 안 된다고 믿었다. "부하에게 '어떻게' 해야 하는지를 일러주지 마라, 그저 '무엇을' 해야 하는지만 명령하라. 그러면 그들은 자기 힘으로 당신을 놀라게 할 것이다."라는 것이 그의 지론이었다.

그는 미군 최초의 기갑부대 지휘관을 역임하였고 제2차 세계대전에서는 전차를 중심으로 한 기동전에서 탁월한 능력을 발휘하여 전무후무한 기록을 남겼다.

아이젠하워는 넉넉치 못한 가정형편 때문에 사관학교에 입학했는데, 규정 자체에는 큰 의미를 부여하지 않았지만 동료와의 관계와 신뢰, 의리를 중시하였다. 그는 외향적이었고, 사람들과 잘 어울렸으며, 모든 사람과 친하게 지냈다. 잘생긴 얼굴에다 호감 가는 미소의 아이젠하워는 항시 쾌활한 모습을 보였지만, 사람들과의 관계에서는 사려 깊은 행동으로 또 다른 면모를 보였고, 친구들을 돕는 데도 빠지지 않았다.

전장에서의 그는 좀처럼 예하 야전 사령관들을 자기 앞에 오도록 명령하지 않고, 직접 그들에게 다가가 현장에 머물면서 겪는 불편한 사항들을 덜어주는 걸 더 좋아했다. 전선에서 활동할 때면, 그는 언제나 자신의 임시 사령부를 예하 전투 사령부에서 멀리 떨어뜨려 세웠는데, 그것은 실제 전투를 치르며 바쁘게 움직이고 있을 부하장교들에게 짐이 되지 않게 하기 위해서였다.

또한 아이젠하워 장군은 사령부를 조직하면서 참모들을 기용하는데 매우 신중했는데, 사령부를 세운 후 그는 참모들에게 "당신들은 각 분야에서 엄선된 전문가들입니다. 나의 감독을 받지 않더라도 당신들의 임무에 최선을 다해주기 바랍니다. 그렇지 못하다면 내가 인사 과정에서 실수한 것이 될 것입니다."라고 말하면서 자신의 참모들이 그에게서 행정업무의 부담을 덜어 주리라 믿었다.

유쾌함과 친밀감, 풍부한 유머감각을 갖추었던 아이젠하워는 제2차 세계대전 당시 연합군 총사령관으로서 역사상 가장 많은 병력을 지휘했던 지휘관이 되었고, 미국의 34대 대통령을 역임하여 지금까지도 미국인들의 사랑을 받고 있다.

여기에서 언급된 리더들의 이야기는 전쟁의 포화속에서 리더십을 발휘하여 승리를 쟁취했던 군인들의 삶을 생생하게 보여주고,

무엇이 이들을 사랑과 존경을 받는 위대한 군인들로 성장시켰는지 보여준다. 사관학교를 비롯한 어느 군사학교도 그곳에서 완벽한 장교를 만들어낸다고 주장하지는 않는다. 대신 뛰어난 장교로 빚어질 수 있는 훌륭한 자질들을 가르친다고 강조할 뿐이다.

어떤 인사는 제2차 세계대전을 승리로 이끈 미국의 역사적 리더십에 대해 이렇게 이야기한다.

> "비록 전쟁을 경험했기 때문이라고는 하지만, 호전적이지도 않고 전쟁준비를 하고 있지도 않았던 미국 같은 나라에서 어떻게 그토록 많은 훌륭한 지휘관을 배출했는지는 정말 설명하기 힘든 기적 같은 일이다. 그들은 어디서 왔고, 제1차 세계대전이 끝난 후 20년 동안 무얼 하고 있었는가? 이 질문에 대한 답은 간단하다. 그들은 준비하고 있었던 것이다."

제2차 세계대전에 참가했던 준장 이상의 100여 장군들에게 같은 질문을 던졌을 때 그들의 대답은 한결 같았다. 보병학교와 포병학교에서 시작해서, 포트 레번워스의 지휘참모대학과 육군대학원 과정을 거치는 체계적인 군사학교 제도 덕분이었다는 것이다. 군 생활이라고 하는 것은 끊임없이 훈련하고 연구하는 기간이다. 제2차 세계대전에서 두각을 나타낸 모든 지휘관들은 그들이 우수한 군사교육기관에서 20여 년간 배워왔던 것을 연구하고 자기 것으로 소화하는 데 많은 시간을 보냈던 것이다.

성공이란 인간의 천부적 능력에 의해 제한을 받는다. 하지만 성공은 맡은 일에 헌신적인 모든 사람들, 즉 기꺼이 오래 일하고, 자신을 준비하는 데 열심이며, 리더십에 필요한 특성을 깨닫고 개발하며, 부하를 사랑하고 그들의 복지에 관심을 가지며, 임무에 대한 자신감과 헌신을 함께 가질 수 있도록 다른 이들과 대화를 나눌 수 있는, 바로 이런 사람들에게만 주어지는 것이라 볼 수 있다.

리더십 이슈 Leadership Issues

뛰어난 리더십을 발휘했던 장군들의 공통점은, 먼저 타고난 자질과 군사학교에서 가르치는 체계적인 교육과 훈육이 이들을 사랑과 존경을 받는 위대한 군인들로 성장시켰고, 다음으로 위관급 시절에는 보병학교와 포병학교 등 병과학교, 영관급 장교 시기에는 지휘참모대학과 육군대학원 과정 등 체계적인 군사교육을 거치면서 끊임없이 훈련하고 연구하여 자기 것으로 소화하는 데 많은 시간을 보냈다는 것이다.

이로써 이들 네명 영웅들의 각자 리더십 특성은 모두 달랐을지라도, 이들이 군에서의 성장기에 '리더십 추종자'로써 공통적으로 부여받았던 것은 지시, 명령, 통제, 보상, 처벌 등에 의해 발휘되는 전통적인 리더십보다는 자기 스스로 성취목표를 설정하고, 자기 자신의 내면에서 리더십을 발휘하도록 하는 '셀프 리더십(Self Leadership)'이었다고 볼 수 있다.

또한 전통적인 리더십 이론중 '리더십은 개인의 타고난 자질이나 특성에서 나타난다'는 가정하에 리더의 외양이나 성격에서 공통적인 속성을 찾아내려는 연구경향인 '특성이론(Trait theory)'과도 일부 부합되는 면을 보여준다고 할 수 있다.

* 훌륭한 리더는 만들어지는 것이지 타고나는 것이 아니다.

- 부오노(Vuono) -

03

적국을 감동시킨 장례식

✤ 태평양 침몰 소련 핵 잠수함

지난 1968년 미국과 소련이 냉전을 벌이고 있던 시기에 일어났던 극적인 스토리 중 수년전 비밀이 해제된 미 중앙정보국(CIA) 문서에서 발견된 감동과 교훈을 전달해 주는 내용을 소개한다.

동 서간 냉전이 한창이던 1968년, 핵탄두를 장착한 탄도미사일을 적재하고 있던 구 소련의 골프II급 핵잠수함 K-129가 원인불명의 사고로 하와이 북서쪽 약 2,511km상 해저에 침몰했다. 이 잠수함에는 승조원 93명이 탑승해 있었다.

핵탄두를 장착한 탄도미사일이 탑재된 것으로 알려진 전형적인 전략무기인 핵 잠수함을 차지하기 위해 소련과 미 CIA는 치열한 신경전을 벌였다. 소련 해군의 태평양함대는 수 주간에 걸쳐 수색작전을 전개하다가 수심이 깊고 해상의 기상이 여의치 않아 잠수함에 접근하는데 실패한 후 탐사를 포기하고 철수하였다.

미 해군은 '샌드 달러'로 명명된 수색작전을 시도, 약 3,100여㎢

의 바다 속을 샅샅이 수색하여 마침내 침몰한 잠수함을 발견하였고, 미 중앙정보국은 이 핵잠수함을 인양하는 초특급 비밀작전을 전개하였다. '아조리안 계획'(Project Azorian)이란 비밀명칭으로 진행된 이 계획에는 당시 화폐로 무려 15억 달러(한화 1조 5천억원)라는 천문학적인 예산이 투입되었다. 잠수함이 침몰한 곳은 해저 3마일(약 4.8km) 깊이로 이러한 정도의 심해에서는 침몰된 잠수함을 인양한다는 것 자체가 불가능했으나 당시 닉슨 대통령은 군부와 문민 관리들의 반대에도 불구하고 태스크포스(TF) 구성을 승인했다.

원인불명의 사고로 하와이 북서쪽 해저에 침몰한 소련 핵잠수함의 사고전 모습과 인양 후 모습. 잠수함이 침몰한 곳은 해저 3마일(약 4.8km) 깊이였다(사진출처 : 구글이미지)

또한 침몰 잠수함을 인양하기 위해 미국의 기계공학기술을 총동원, 4년에 걸쳐 '휴즈 글로마 익스플로러'(Hughs Glomar Explorer)로 명명된 특수 인양함정을 건조했는데, 미국 정부는 아예 태평양 해저에 유사한 사고가 발생할 것을 감안해 해저 1만 7천피트(5,182미터)에서 2천톤까지 인양이 가능한 규모로 이 선박을 건조했다. 이 함정은 미국 과학자 협회, 미국 기계공학학회 등에서 극찬을 받았으며 건조에 참여한 과학자들의 이름을 학회지에 별도로 남길 정도로 우수한 작품으로 인정받았다.

1974년 이 선박은 소련의 눈을 피하기 위해 해저 광물 탐사선으로 포장하여 대담한 작전을 시작했고, 작전이 시작되자 이를 눈치챈 소련 선박 2척이 근거리에서 24시간 밀착 감시를 했다. 미국은 소련의 급습에 대비하여 헬기 착륙시설을 철거하였고, 소련이 승선을 시도할 경우 소련과 분쟁을 일으킬만한 비밀과 민감한 물자를 긴급 파기하는 계획도 치밀하게 준비해 놓았다. 눈덩이처럼 불어나는 인양비용과 막 시작된 미국과 소련의 화해 분위기를 해칠 것을 우려해 작전이 거의 취소될 뻔한 적도 있었으나, 인양을 개시한지 약 5주만에 미국은 마침내 잠수함 인양에 성공하였고, 침몰된 잠수함에서 핵 미사일 3기와 최신 암호체계의 암호발생기 2대, 러시아 수병 6명의 시신을 발견했다.

침몰 잠수함을 인양하기 위해 미국의 기계공학기술을 총동원, 4년에 걸쳐 건조한 특수 인양선박. 인양을 개시한지 약 5주만에 잠수함 인양에 성공했다(사진출처 : 구글이미지)

여기에서 보는 사람의 눈시울을 붉히게 하는 감동적인 장면이 탄생한다. 소련 핵잠수함 인양에 성공하고 약 한달이 지난 1974년 9월, 휴즈 글로마 익스플로러호 선상에서 인양된 핵잠수함에서 발견된 소련 수병 6명의 장례식이 엄숙하게 치러진다. 유튜브에 공개된 동영상에는 미국국기와 소련국기가 똑같은 크기로 나란히 걸려있고, 중앙의 컨테이너에 소련 수병 6명의 시신이 안치돼있으며 그 양옆으로 미국 해군 6명이 도열해 있다.

인양된 소련 핵잠수함에서 발견된 소련 해군 수병 6명에 대한 장례식. 냉전시대 총부리를 겨누었던 적군이 아니라 바다의 사나이 대 사나이로서, 동지애로 적군의 시신을 거두어준 엄숙한 장례식은 냉전을 녹인 감동의 장면으로 기록되었다(사진출처 : 유튜브캡쳐)

장례식은 미국국가와 소련국가의 연주로 시작된다. 양국국가 연주가 끝난뒤 소련 수병 6명의 이름이 호명되고 이들의 명복을 빌어준다. 비록 적대국가의 군인이지만 자신들의 조국을 위해 태평양 깊은 바다에서 고통속에 죽어간 소련 수병에게 최대한의 예를 갖춘 것이다. 장례식이 끝난뒤 소련 수병의 시신이 안치된 컨테이너의 양

쪽문이 차례로 닫히고 천정에 매달린 기중기에 의해 컨테이너는 태평양의 바다로 내려진다. 자신들이 숨졌던 깊은 바다속에서 건져올려져 장례식을 치른뒤 다시 바다로 돌아간 것이다. 냉전시대 총부리를 겨누었던 적군이 아니라 바다의 사나이 대 사나이로서 동지애로 적군의 시신을 거두어 준 이 엄숙한 장례식은 냉전을 녹인 감동의 장면이었다.

냉전이 끝난 후 1992년, 당시 CIA국장이던 로버트 게이츠 국방장관은 러시아의 보리스 옐친 대통령에게 인양작전 내용을 통보하고 잠수함 잔해 속에서 발견된 6명의 승무원에 대한 수장식 장면을 찍은 필름을 전달하였다. 미국과 러시아 국기가 부착되고, 국가를 연주하며 엄숙하게 진행된 감동적인 장례식 영상을 본 옐친 대통령은 미국에 감사를 표하며 눈물을 흘렸던 것으로 전해진다.

이 사건과 관련된 내용은 지난 2010년 1월 CIA 기밀문서가 해제되고, 조지 워싱턴대 부설 국가안보문서 보관소에 의해 언론에 공개되어 세상에 알려지게 되었으나, CIA는 이러한 보도에도 지난 30년간 인양사실 자체의 확인을 거부하고 있고, 냉전 종식 후에도 거듭 관련정보 공개를 거부하고 있다.

잠수함 침몰사고와 관련하여 이에 연관된 지식을 살펴보면, 잠수함은 일단 물속에 들어감과 동시에 칠흑같은 어둠속에서 높은 수압을 받으며 '소나'라 불리는 음파탐지기에 의존하여 항해를 하게 된다. 이는 마치 눈을 감고 귀에 들리는 작은 소리에 의존하며 방향을 잡아나가는 것과 같아 항상 위험속에 노출되어 있고, 높은 수압 때문에 물속에서는 조그만 사고도 승조원 전체의 운명을 결정짓는 대형

사고로 확대될 가능성이 많다. 특히, 핵 연료를 사용하는 원자력 잠수함의 경우, 엔진에 문제가 생기면 치명적인 사고로 이어질 수 있다. 이런 사고에 대비하여 잠수함 승조원들은 함내 화재에 대비한 '소방훈련'과 선체가 파손되어 침수될 때 이를 막아내는 '방수훈련'을 가장 많이 숙달한다.

1961년 소련에서 실제로 일어났던 핵잠수함의 시험가동 중에 일어난 방사능 누출사고를 다룬 영화 'K-19'를 보면, 시험항해를 마치고 돌아가던 핵잠수함의 원자로에 이상이 생겨 방사능이 새어나오는 상황에서, 잠수함 승조원들이 방사능 보호복도 없이 맨몸으로 원자로에 들어가 방사능 증기를 맞으면서 원자로를 고치는 장면이 감동적으로 그려진다.

잠수함이 물속에서 사고가 발생하면 일단 신속하게 수면 가까이 올라와 수압을 줄이고 수면위로 부상하여 대형사고를 면하는 것이 최선이나, 함정의 이상으로 수면위로 부상하는 것이 불가능할 경우에는 얕은 수심에서는 맨몸으로 탈출하고, 깊은 수심에서는 외부로부터의 구조를 기다리는 수밖에 없다.

1900년 초 잠수함이 탄생한 이후 발생한 200여회의 사고 중에서 침수 또는 침몰사고의 80% 정도가 100m 이하의 얕은 수심에서 발생했고, 침몰사고의 경우 승조원 구조에 성공한 사례는 거의 없다. 잠수함이 침몰하면 두 가지 구조작전이 순차적으로 진행되는데, '레스큐'(Rescue), 즉 위험이나 어려움에 빠진 승조원을 구조하는 활동이 먼저 이루어지고, 다음으로 샐비지(Salvage), 즉 조난이나 화재 등으로 인해 난파하거나 침몰한 선체를 인양하는 개념의 작전이 이루어진다.

승조원 구조방법은 맨몸이나 비상탈출복을 입고 스스로 탈출하는 방법, RSC(Submarine Rescue Chamber, 잠수함 구조 챔버)나 DSRV(Deep Submergence Rescue Vehicle, 심해 잠항 구조정) 등 외부장비를 이용해 구조하는 방법과 잠수함에 특별히 장비된 구명구(Rescue Sphere)를 이용하는 방법이 있다.

미 해군은 크고 작은 잠수함 침몰사고를 겪으면서 개인탈출용 렁(lung)이나 레스큐 챔버, 개인 비상탈출복인 스타인케 후드(Steinke Hood) 등과 탈출시 고압에 노출된 승조원을 치료하기 위한 감압챔버를 발전시켜 왔고, 최근에는 조난 잠수함의 경사, 조난해역의 조류 등 제약조건을 극복할 수 있는 잠수함 구조 잠수 및 재가압 체계(SRDRS, Submarine Rescue Diving and Recompression System)를 개발하여 기존의 심해구조잠수정 및 구조챔버를 대체하고 있다.

리더십 이슈 Leadership Issues

상상을 초월하는 노력과 치밀한 계획을 수립하여 심해에 침몰한 적국의 잠수함을 인양한 사례에서, 우리는 과학적이고 체계적으로 계획을 세워 예산을 투입하고, 인내심을 가지고 꾸준한 노력으로 4천7백여 미터의 바다속에서 잠수함을 인양한 미국의 정책수행과, 인양된 잠수함에서 발견된 적국의 수병에 대해 예를 갖추어 장례식을 치러준 사실에 주목할 필요가 있다.

여기에는 구성원들에게 새로운 비젼을 제시하면서 변화와 혁신을 추구하는 '변혁적 리더십(Transformational Leadership)'과 구성원을 배려하고 존중하며, 관심을 보여주고 문제해결을 도와주며 육성시키는 '후원적 리더십(Supportive Leadership)'이 내재되어 있었음은 물론, 상대방에 대한 관용과 포용으로 계속적인 격려, 지원, 강화를 통해 구성원들의 우수성을 이끌어 내는 '피그말리온 리더십(Pygmalion Leadership)' 그리고 도덕적 행위가 조직변화와 조직의 궁극적 목적이나 가치와 연계될 때 더 큰 의의를 갖게 되는 '도덕 리더십(Moral Leadership)' 등의 리더십 요소들이 포함되어 있다고 볼 수 있다.

*** 지도자가 될 수 있는 사람은 역경에서도 불만을 품지 않고, 영달을 해도 기뻐하지 않고, 실패에도 좌절하지 않고, 성공을 해도 자만하지 않는다.**

- 장자 -

04

고급제대 Leader의 윤리적 결심

❖ 고급제대 리더의 도덕 및 윤리

인류의 역사와 더불어 함께 해 온 군대의 역사에서 리더십은 군이 존재하는 한 변하지 않는 전통적인 가치로 보아야 할 것이다. 특히, 군에서 고급제대의 리더, 즉 고위 지휘관이나 참모는 '군'이라는 전문직업주의의 성숙한 직업적 가치관을 지향하는 사람들로 자신들의 판단이 군 조직과 국가라는 거대한 조직의 안위에까지 영향을 미친다는 사실을 깊이 인식하고, 직업적 권한과 윤리적 책임감을 바탕으로 전장에서 합법적으로 군사목적을 수행해야 할 의무와 그들의 명령을 따르는 조직 구성원들의 생명과 재산손실을 극소화하고 불필요한 파괴행위를 방지해야 할 책임을 갖고 있다.

미 육군의 경우 군대윤리의 중요성을 인식하게 된 것은 베트남전에서 경험한 군대의 비윤리성, 군기문란 및 사기가 저하된 군대는 전쟁에서 결코 승리하지 못한다는 교훈에 기인한다. 당시 미군은 월맹군에 비해 약 30배의 화력을 보유하였음에도 불구하고, 베트남전 기간동안 전투이탈자가 1,000명당 38명 꼴로 나타났고, 병사의

28%가 마약에 중독되었으며, 전투거부 행위 및 항명사건이 비일비재하였고, 최소한 1,016명의 장교와 부사관이 그들의 부하에 의해 살해된 것으로 조사되었다.

결국, 미 육군은 베트남전을 통해 양심의 위기를 겪게 되었고, 전쟁 종료 후 '교육사령부(TRADOC, Training and doctrine)'를 창설하여 새로운 미 육군의 미래를 설계하기 위해 초급간부부터 체계적인 교육훈련을 통해 뿌리가 튼튼한 군대를 육성한다는 거대한 계획을 실행에 옮기게 되었다. 결과적으로 이러한 미군의 마스터 플랜은 1990년도 걸프전에서 완벽한 승리로 그 효과를 나타냈다.

여기에서 언급된 군대윤리는 '군사전문직업과 관련한 군인들의 옳고 그른 행동과 도덕적 분별 및 선택'으로 정의할 수 있다. 이는 제반 법규에 의거한 '규범적 측면'과 양심에 바탕을 둔 '도덕적 분별'의 두 가지 측면에서 이해될 수 있다고 볼 때, 인간사회의 생활 속에서 법규에 따라 행동하는 것보다 양심의 지배를 받아 행동하는 경우가 더 많은 것처럼, 군대사회 속에서 특히 전쟁수행과 같은 불확실성과 극한상황하에서는 정해진 규범이나 법규에만 의존할 수 없는 경우가 많아 윤리적 판단의 중요성이 대두되는 것이다.

군대윤리가 의료종사자, 법률가, 기업가, 교육자 등 다른 직업의 윤리와 크게 차이나는 것 중의 하나는 군 조직이 어느 집단과도 비교되지 않는 독점적인 폭력사용의 권한을 부여받았고, 다른 분야에서는 크게 비난받아 마땅한 고의적인 인마살상, 건물이나 시설의 대량파괴 등 군인의 행동이 군대윤리의 기준에 따라 조장하거나 규제되기 때문이다.

따라서 전투시에도 지휘통솔자가 윤리적 책임을 다해야 한다는 명제하에 전쟁과 같은 극한상황에서 무장해제된 포로나 무고한 양민을 살해하는 등의 전쟁범죄를 억제하기 위해 국제법으로서 전쟁법이 유효하게 적용된다.

이러한 전쟁법은 크게 전쟁 당사국의 권리, 의무, 수단과 방법의 선택을 규제하는 '헤이그법'과 전쟁으로 인한 희생자의 존중 및 보호를 위한 '제네바법'으로 나누어져 있으나, 국제사회에 합리적으로 적용하기에는 전쟁법의 비합리성, 불완전성 및 비일관성으로 인해 필경 전쟁법과 윤리적 책임은 결국 전쟁범죄에 대한 개인의 책임문제를 낳게 된다.

이러한 관점에서 볼 때, 고급제대 리더에게는 도덕적·이성적 분별능력이 요구되고, 규범과 양심사이의 딜레마로부터 바람직한 판단이나 결정을 내려 최선의 방향으로 조직을 이끌어 갈 수 있는 윤리적 결심능력의 필요성이 제기된다.

고급제대 리더가 특별한 상황하에서 어떠한 윤리적 결심을 했는가를 보여주는 사례로 먼저, 1950년 한국전쟁 초기 한강교 폭파사건은 전쟁 발발당시 임진강 철교 등 전방지역 교량의 적시폭파 실패로 적의 빠른 남하를 저지하지 못한 군의 수뇌부가 6월 28일 전방부대의 저지선이 일부 붕괴된 상황에서 새벽 1시경 서울시내에 적 전차가 진입하자, 서둘러 당시 공병감인 최창식 대령에게 한강교 폭파를 지시하여 6월 28일 새벽 2시경 한강교를 폭파한 사건이다. 사건의 결과 당시 현장에서 차량 50여대와 피난중이던 민간인 500-800여명이 희생되었고, 군 병력과 전투장비 유기, 민간인 학살 및 재산피해, 정부재산 약탈, 방송국 피탈 등의 심대한 손실을 끼쳤다.

한국전쟁 초기 폭파된 한강교. 고급제대 리더는 혼란스러운 전장상황에서 중대한 결심을 요구받았을 때, 상부의 명령에 대해 직업 윤리관에 기초한 합리적인 판단을 내려야 한다(사진 출처 : 구글이미지)

이후 한강교 폭파가 군의 오판이라는 여론이 비등하자 군 수뇌부는 폭파사건을 진두지휘한 공병감 최창식 대령을 군법회의에 회부시켜 총살형에 처했고, 다시 군 지도부의 책임론이 대두되면서 재심이 청구되어 무죄가 선고되었다. 이를 고급제대 리더의 윤리적 결심 차원에서 보면, 참모총장을 비롯한 군 지도부의 명령하달에 근본적인 문제가 있었지만, 혼란한 전장상황에서 중대한 결심을 요구받았을 때 고급제대 리더로서 상부의 명령에 대해 가용한 수단과 방법을 총동원하여 아군부대의 안전과 민간인 보호 그리고 직업 윤리관에 기초한 합리적인 판단이 결여되었다고 볼 수 있다.

전쟁법 중 제네바법(제1협약)에서는 제3조와 제50조에 '전쟁 중 적대행위에 가담하지 않은 인원의 보호와 전쟁수행간 민간인의 보호의무'에 대해 명시하고 있다.

제2차 세계대전 중 독일군 사령관의 파리방화 거부사례를 보면, 1944년 8월, 노르망디에 상륙한 연합군을 저지하는데 실패한 독일군 최고사령부는 파리에 주둔해 있는 독일군 사령관 콜티츠(Dietrich von Choltitz) 장군에게 “파리는 어떠한 희생을 무릎쓰고라도 강력하게 방어되어야 함. 파리는 적의 손아귀에 들어가서는 안되며, 만약 그럴 경우에는 모든 것을 불태워 잿더미로 넘겨주라.”는 전문이 하달되었다.

명령을 수령한 콜티츠 장군은 연합군의 파리 입성이 코앞에 다가온 상황에서 ‘군인으로서 명령에 복종할 것인가?, 아니면 명령에 불복하고 예술의 도시 파리를 보호하여 역사의 죄인이 되지 말것인가?’를 두고 밤을 꼬박 지새우며 고민한 끝에 군인의 길을 포기하고 인간의 길을 택함으로써 명령에 불복하였고, 그의 불복종은 아름다운 도시 파리를 불바다에서 구해냈으며, 이는 ‘무력분쟁시 문화재 보호를 위한 헤이그 협약’에 부합하고 역사적 통찰력의 관점에서 정당화 되었다고 볼 수 있다.

해인사 공중폭격을 거부한 김영환 대령의 사례가 소개된 국립공원 게시판(좌측)과 제2차 세계대전시 불에 타 폐허가 된 유럽의 도심 지역 사진(사진출처 : 구글이미지)

이와 유사한 사례로, 한국전쟁시 해인사 공중폭격 거부사례를 보면, 1951년 12월, 당시 공군 제10전투비행 전대장이었던 김영환 공군대령은 상급부대로부터 북한군 게릴라가 활동하고 있는 합천 해인사 부근을 공중폭격하라는 명령을 받고 한·미군으로 편성된 편대를 이끌고 출격했으나, 고색창연한 역사적 사찰과 수많은 문화재가 한순간에 잿더미로 사라지는 것을 막기 위해 공중폭격을 금지하고 기관총 사격만으로 사찰 주변을 공격함으로써 우리나라 최고의 사찰 중 하나인 해인사에 소장되어 있던 '팔만대장경', 대웅전인 '대적광전' 등의 국보급 문화재들이 전화로부터 지켜질 수 있었다.

제2차 세계대전 중 히로시마 원폭투하 폭격기 지휘관의 사례를 보면, 1945년 8월, 당시 미20공군 제509혼성비행대대 지휘관 폴 티베츠(Paul W. Tibbets) 대령은 단 한번의 폭격으로 수십만명의 생명을 빼앗을 수 있는 원자폭탄을 싣고 비행하여 일본 상공에 투하하라는 명령을 하달받았다. 원폭투하 장소로는 '가능한 한 많은 일본인들에게 깊은 심리적인 타격을 줄 수 있는 곳' 중의 하나로 히로시마가 선정되었다.

이에 앞서 미국은 원자폭탄을 투하할 목표로 고쿠라, 히로시마, 나가타, 교토 등 4개 도시를 선정하였으나 당시 육군성 장관 스팀슨(Henry L. Stimson)이 교토를 리스트에서 삭제하였는데, 이유는 교토가 군수공장이 많고 인구가 밀집되어 있는 도시로 일본에 심리적 타격을 줄 수는 있으나 1천년 이상 일본의 수도로서 대학교와 사원이 많은 매력적인 도시였고, 교토처럼 사랑받는 도시의 파괴는 훗날 두고두고 일본인의 증오심을 불러일으킬 가능성이 있으며, 스팀슨 장관 개인에게도 신혼여행을 보낸 매우 인상깊은 도시였다는 이유로 교토 대신 나가사키가 폭격 목표도시로 결정되었다.

원자폭탄 폭발장면과 히로시마 원폭투하에 동원된 B-29폭격기. 히로시마 원폭 폭격명령에 대한 티베츠 대령의 복종은 무수히 많은 민간인들의 희생을 가져왔지만, 원폭을 사용함으로써 전쟁을 조기에 종식시켜 더 큰 희생을 막을 수 있다는 '공리주의'에 입각한 것으로 윤리적으로 정당성을 확보했다(사진출처 : 구글이미지)

이러한 스팀슨 장관의 결정은 그의 노련한 역사관과 세계관에 바탕을 둔 윤리적 판단에 근거하였다고 볼 수 있으며, 또한 히로시마 폭격명령에 대한 티베츠 대령의 복종은 무수히 많은 민간인들의 희생을 가져왔지만, 원폭을 사용함으로써 전쟁을 조기에 종식시켜 더 큰 희생을 막을 수 있다는 '공리주의'에 입각하여 '원폭사용방안 논의를 위한 위원회'의 결정과 이에 따른 미 전략공군사령관 스파츠(Carl A. Spaatz) 장군과 참모장 르메이(Curtis Lemay) 장군의 명령에 충실히 따랐던 것이다.

리더십 이슈 Leader ship Issues

고급제대 Leader는 지휘통솔을 함에 있어 다양한 상황 속에서 판단이 어려운 윤리적 문제들에 직면하여 이를 해결해야 하는 책임을 갖게 되는데, 여기에는 도덕적 행위가 어떤 조직의 통제나 도구적 수단이 아닌 '조직변화'나 '조직의 궁극적 목적이나 가치'와 연계될 때 효과를 발휘하는 '도덕 리더십(Moral Leadership)'이 밑바탕이 되어야 하고, 이러한 윤리적 · 도덕적 기준을 토대로 정당한 명령에는 당연히 복종하지만 부당한 명령에는 불복종 할 수 있는 정당성을 확보하여야 할 것이다.

또한, 고급제대 Leader는 군대가 채택하고 있는 윤리체계, 즉 법규, 규정, 사회의 가치관 등으로부터 파생되는 '윤리규범'과 군대에 정착되어있는 기존의 관행인 '군대 가치관 및 사생관'에 입각하여 부여된 임무를 수행해야 할 책임과 의무를 가지며, 올바른 리더십을 발휘하여 군대의 이상적 가치들을 구현하고 바람직한 리더십 방향을 정립해야 한다.

* 리더는 다른 사람들로 하여금 그들이 원하거나 좋아하지 않는 것을 하도록 하는 능력이 있는 사람이다. - 헨리 키신저(미국 정치가) -

위 워 솔져스

명령을 생명으로 하는 군대만큼 강력한 리더십이 필요한 조직도 없다. 순간의 판단이 생사를 가르는 전장에서는 지휘관의 말 한마디, 손짓 하나가 전투원의 생사와 조직의 성패를 결정지을 수 있다.

영화로 '위 워 솔져스'는 실제 부대 지휘관과 종군기자로 전투에 참전했던 헤럴드 무어와 조셉 갤러웨이가 공동 집필한 원작 '우리는 한때 꽃다운 군인이었다(We were soldiers once... And young)'을 영화화한 작품으로 베트남전이 본격적으로 시작되기 전인 1965년 베트남 아이드랑 계곡에서 미군이 월맹군과 벌인 사흘간의 전투를 묘사하고 있다.

베트남 전쟁은 1960년 남 베트남과 북 베트남간의 내전으로 시작되어 미국, 소련 등의 강대국이 개입해 국제전으로 확대되고, 1975년 미군의 철수로 끝난 비극적인 전쟁으로 우리나라도 1960년대 중반부터 1973년까지 미국 다음으로 많은 5만여명의 병력을 파병하여 당시 개발도상국으로서 국제사회의 일원으로 활동한다는 국가적 자긍심과 경제적으로도 큰 성장과 발전을 가져왔다.

영화 전반의 스토리도 물론이거니와 특히 대대장 무어 중령(멜 깁슨)의 '솔선수범의 리더십'은 두고두고 잔상으로 남아 우리에게 전장에서의 진정한 리더십의 전형을 보여주고 있다.

특히, 헬기로 적진에 출격하기 전에 무어중령의 훈시 중 "우리는 가족처럼 함께 싸울 것이다. 믿는 것은 전우뿐이다. 내가 오직 한 가지 여러분들에게 약속할 수 있는 것은 내가 전장에 가장 먼저 들어가서 가장 나중에 나온다는 것이다."라는 구절이 큰 감동으로 다가온다.

실제로 무어 중령은 미군이 베트남전에서 최초의 승리로 기록되고 있는 아이드랑 계곡의 백병전에서 월맹군을 끝까지 섬멸하고 맨 마지막에 헬기로 철수한 실존인물로, 그는 미국의 중산층에서 성장한 하버드대 석사 출신의 엘리트 장교로 한국전쟁에도 참전했으며, 가족의 가치를 중시하고 사회 지도층의 덕목인 노블레스 오블리제를 실천한 인물이다.

아이드랑 계곡의 전투는 전투개시 첫날 대대장이 400여명의 부하들을 이끌고 헬기로 고공침투하지만 월맹군에 의해 선발대 전원이 희생되고, 미군 사령부에서는 작전의 실패를 인정하고 대대장에게 본대로 복귀하라고 명령을 하달하나 그는 부하를 두고 갈 수 없다며 사령부에 최후 수단으로 '브로큰 애로우(일종의 진내포격)'을 요청하여 아군의 포격이 아군을 죽이는 처참한 전투상황을 겪은 후, 마지막날의 전투에서 부하들과 함께 죽기를 각오하고 백병전을 벌여 월맹군을 전멸시킨 전설적인 전투로 기록된다.

천신만고 끝에 전투를 승리로 이끈 후에 무어 중령은 종군기자에게 "나는 나를 용서하지 못할 것이다. 내 부하들은 모두 목숨을 던졌는데 나만 살았다."며 부하의 생명을 지켜주지 못한 죄책감에 괴로워하며, "우리는 국가의 부름을 받고 전쟁터에 갔지만, 우리는 국가와 성조기를 위해 싸운 것이 아니다. 우리는 서로를 위해 싸웠다."며 전우애를 상기시킨다.

군대라는 특수한 조직에서의 지휘관이 갖추어야 할 리더십의 덕목은 '솔선수범', '카리스마', '인내심', '결단성', '인간미', '소통' 등 수없이 많지만, 부하와 상관, 동료들로부터 진정한 신뢰와 존경을 받는 리더십이야말로 진정한 리더십 덕목이라 할 수 있을 것이다.

명예롭게 존중받는 군복

미국으로 이민을 간 교포가 경험했던 내용이 소개된 적이 있다.

현지의 소고기 도축공장을 견학할 기회가 있었는데, 공장 실무자가 도축공정을 순서대로 자세히 설명해 주면서 도축된 고기는 등급을 나누어서 좋은 고기부터 차례로 곳곳에 보낸다고 설명하였다.

견학하던 사람들이 "가장 좋은 고기는 어디로 갑니까?" 하고 묻자 공장 근무자는 "가장 좋은 고기는 군대로 갑니다."라고 대답하였다.

이어서 "그 다음 등급의 고기는 학교로 가고, 세 번째 등급의 고기는 병원으로 가며, 나머지는 시중에 판매합니다."라고 대답하더라는 것이다.

오늘날 세계 최강의 군대를 보유하고 있는 미국의 현실이다. 실제로 그들은 군복입은 사람들을 MIU(Man in Uniform)라 구분하여 부르며, 위험으로부터 우리를 지켜주고, 국가를 위해 헌신적으로 봉사하는 사람들로 인식하여 항상 존경심을 표하고 있으며 이러한 존경심은 실제 행동으로 자연스럽게 표출된다.

공항에서 비행기 탑승을 위해 길게 줄을 서있을 경우에 군복을 입고 있는 사람이 중간에 서있으면 맨 앞으로 오게해서 가장 먼저 탑승을 시켜주며, 기내의 일반석에서 군복을 입고있는 군인에게 다가가서 자신의 1등석 좌석표와 서로 바꾸자고 요청하는 사람들도 있다.

또한, 어지간한 곳에는 모두 군인에 대한 경의를 표시한 기념물이 설치되어 있고, 정부기관 취업에 있어서도 군 경력이 있는 재향군인(Veterances)들에게 우선권을 준다. 지역 야구경기장에서 프로야구 경기를 할 때면 흔히 경기 시작 전에 그 지방의 퇴역 군인이나 전상군인 등을 지역영웅으로 전광판에 소개하면 모든 관중들이 기립박수를 쳐주는 광경을 볼 수 있다.

관광지나 공원 등에서도 군복을 입고 있는 군인들을 만나면 다가가서 말을 걸거나 거수경례로서 격려해주며, 음식점에서 군복을 입고 식사하는 군인들을 보면, 대부분 누군가 그 군인들의 식사비를 대신 내주는 경우를 쉽게 볼 수 있다.

또한, 각종 서비스를 신청하는 경우에도 현역 및 퇴역군인 여부를 기록하여 할인을 해주고, 매표소에 길게 줄을 서있을 경우에는 별도의 라인을 만들어 군인들을 우대하는 것을 볼 수 있는데, 이들은 미국의 건강한 정신을 받쳐주는 지주로 대접을 받고 존경을 받으며 이와 같은 현역군인과 퇴역군인에 대한 사회적인 존경과 국가의 후원은 그들에게 군복을 입은 사람들은 목숨을 담보로 조국에 봉사하는 사람이란 인식이 깊게 새겨져 있기 때문이다.

미국의 군대는 국민들로부터 가장 신뢰받는 조직으로 대법원, 교회, 대학 등을 제치고 최고의 위치에 자리하고 있으며, 연방의회 의원 후보자나 대통령 후보들도 선거활동에 자신의 군경력을 자랑스럽게 이야기하는 것이 큰 도움이 된다고 생각한다.

'취침나팔(Taps)'의 유래

군 부대의 모든 병영에서 '소등 및 취침나팔(Taps)'로 사용되고 있어 군복무를 했던 사람들에게는 추억과 낭만으로 남아있는 트럼펫 곡에는 다음과 같은 가슴아픈 사연이 숨어있다.

1862년 미국 남북전쟁 당시 어느 전쟁터에 밤이 내렸다.

전투도 쉬게 되었던 그 한밤중에 북군의 중대장 엘리콤(Ellicombe) 대위는 숲 속에서 사람의 신음소리를 듣고 적군일지도 모르는 부상군인을 위험을 무릅쓰고 치료해주도록 한다. 그러나 최선을 다한 위생병들의 노력에도 불구하고 그 부상병은 죽고 만다. 그는 적군인 남군의 병사였다.

중대장이 손에 든 랜턴을 밝혀 확인해보니 숨진 병사의 얼굴은 다름아닌 자신의 아들이었다. 음악도였던 아들은 아버지의 허락도 없이 남군에 지원 입대하여 전쟁터에서 죽은 것이었다. 이 얼마나 기막힌 우연인가. 떨리는 손으로 아들의 군복 호주머니를 뒤지던 엘리콤(Ellicombe) 대위는 군복 주머니에서 꾸겨진 악보 한 장을 발견하게 된다.

이튿날 아침 중대장은 상관의 특별허가를 얻어 비록 적군의 신분이었지만, 아들의 장례를 치르게 된다. 중대장은 상관에게 한 가지를 청원했다. 장례식에 군악대를 지원해달라는 요청이었다. 그러나 이 요청은 장례식의 주인공이 적군의 병사라는 이유에서 기각되고 만다. 다만, 상관은 중대장에게 단 한 명의 군악병만을 쓰도록 허락하였다.

중대장 엘리콤(Ellicombe) 대위는 아들의 장례식을 위해서 나팔수(bugler) 한 명을 선택하였고, 그 군악병에게 아들의 호주머니에서 나온 악보를 건네주며 연주해 달라고 요청했다.

숙연하고 장엄한 트럼펫 곡이 연주되는 가운데 엄숙하게 장례식이 치러졌고, 그 후 이 악보는 미국 전역으로 퍼져나가 남 북군을 가리지 않고 모든 병영에서 진혼곡으로 뿐만 아니라 취침나팔로, 자장가로 매일 밤마다 연주되었다.

이 곡이 바로 지금까지 전해져 오는 단 한 명이 트럼펫으로 연주하는 유명한 진혼곡의 유래이다. 이 트럼펫 곡은 단 24개의 음표로 구성된 'Taps'(소등 및 취침나팔)라는 이름의 곡으로, 전사자에게 바치는 진혼곡(Requiem)으로도 널리 쓰이게 되었다.

또한, 이 곡은 제2차 세계대전시 일본군의 진주만 기습을 다룬 영화 『지상에서 영원으로(From Here to Eternity)』에서 나팔수인 주인공이 안타깝게 죽은 동료를 위해 모두가 잠든 병영에서 눈물을 흘리며 연주하는 장면이 감동적으로 표현되기도 했다.

참 고 문 헌

한미희 외 5(2012), 『대학생활과 n+ 리더십』
세바스찬 융거(2011), 『WAR』
마크 오언(2013), 『NO EASY DAY』
https://ko.wikipedia.org/wiki/%EC%95%84%ED%8F%B4%EB%A1%9C_13%ED%98%B8
http://blog.naver.com/cjufuh47/220487778411
http://kimssine51.tistory.com/14
https://ko.wikipedia.org/wiki/%EC%9A%B4%EB%AA%85%EC%9D%98_%EB%82%A0_%EC%8B%9C%EA%B3%84
찰스 터너 조이(1956), 『공산주의자들의 협상수법(How Communists Negotiate)』
이종구(2003), 『고급제대 Leader의 윤리적 결심에 관한 연구』
http://cafe.daum.net/bikemania/3JLn/86841?q=%C3%A7%B8%B0%C0%FA%C8%A3%20%C6%F8%B9%DF%BB%E7%B0%C7
http://blog.naver.com/qriton997/220274025979
http://blog.naver.com/puck0508/220758808952
윌리엄 G. 파고니스(1996), 『산을 옮겨라(Moving Mountains)』
https://ko.wikipedia.org/wiki/%EB%AF%B8%EB%93%9C%EC%9B%A8%EC%9D%B4_%ED%95%B4%EC%A0%84
http://kookbang.dema.mil.kr/kookbangWeb/view.do?ntt_writ_date=20160118&parent_no=1&bbs_id=BBSMSTR_000000001146
정하명 외 5(1980), 『세계전쟁사』

육군 교육사(1998), 『21세기를 향한 미 육군』

https://en.wikipedia.org/wiki/United_States_Army_Training_and_Doctrine_Command

http://kookbang.dema.mil.kr/kookbangWeb/view.do?ntt_writ_date=20160502&parent_no=1&bbs_id=BBSMSTR_000000001145

http://blog.naver.com/last_resort/40057182470

스티븐 E. 앰브로스(2002), 『밴드 오브 브러더스』

에드거 F. 퍼이어(2005), 『영혼을 지휘하는 리더십』

http://blog.naver.com/naljava69/60070597623

https://www.youtube.com/watch?v=vvCExjorXCc

http://blog.naver.com/vv1909/220741478407

구글검색-이미지[https://www.google.co.kr/search?q=%EC%95%84%ED%94%84%EA%B0%80%EB%8B%88%EC%8A%A4%ED%83%84+%EC%A0%84%EC%9F%81&biw=1680&bih=882&source=lnms&tbm=isch&sa=X&ved=0ahUKEwjs2Nq5-8XPAhXFM48KHV-XDOcQ_AUIBygC&dpr=1#tbm=isch&q=%EB%B9%88%EB%9D%BC%EB%8D%B4+%EC%82%AC%EB%A7%9D&imgrc=bIAiXPayEoSr6M%3A 외]

부 록

남을 따르는 법을 알지 못하는 사람은 좋은 지도자가 될 수 없다.

- 아리스토텔레스 -

리더십 이론

1. 특성이론(Trait Theory)

1920년대부터 1940년대에 이루어진 리더십 연구이다. 리더십에 관한 가장 전통적인 이론으로 리더십은 어떤 사람이 가진 고유한 개인적 자질 내지 특성에서 나타난다는 가정하에, 리더의 외양이나 성격에서 공통적인 속성을 찾아내려는 연구경향으로 볼 수 있다.

이 이론에 따르면, 어떤 사람이 리더의 자질에 해당하는 개인적인 특성을 가지고 있으면 그는 처한 상황이나 환경에 관계없이 항상 리더가 될 수 있다.

2. 행동이론(Behavior Theory)

1940년대 말부터 1960년대 말까지 집중연구 되었고, '어떠한 리더십 형태가 가장 효과적인 것인가?'에 관한 이론이다. '리더는 무엇을 하는가?'라는 물음을 던짐으로써 리더의 행동과 리더에 의한 효과에 초점을 두고, 효과를 거두는 것은 리더의 개인적 특성이 아니라 구성원에 대한 리더의 행동이라고 보는 이론이다.

'리더의 자질을 타고났는가?'의 유전적인 요인이 아니라 '리더로서의 기술을 습득하였느냐?' 하는 점이 중요시된다.

3. 상황이론(Situational Approach)

폴 허시와 케네스 블랜차드에 의해 소개된 이론으로, 리더의 행동이 부하들의 특성과 상황에 따라 다른 결과를 가져온다는 것을 강조한다.

특성이론이나 행동이론은 특정상황에서는 효과적이지만 또 다른 상황에서는 효과적이지 못한다는 한계가 드러나면서 리더십은 리더의 보편적인 특성과 행동을 넘어서는 상황적 요소에 의해 영향을 받는다는 연구가 진행되었고, 이를 통해 효과적인 리더십은 상황에 따라 다르다고 보는 상황이론이 등장하게 되었다.

상황이론은 리더 자체에 연구의 초점을 두는 것이 아니라, 리더가 직면한 상황에 연구초점을 두는 방식으로 접근하였는데, 허시와 블랜차드는 이러한 접근을 통해 '리더십의 생명주기 이론'을 만들었고, '과업지향성'과 '관계지향성'이라는 리더십 이론의 전통적인 요소를 사용, 각각의 특성을 부하직원의 성숙도를 변수로 하여 상황적 리더십을 만들었다. 이론의 중심적 규칙은 부하직원의 성숙도가 증가할수록(또는 시간이 지날수록), 효과적인 리더의 행동에 과업지향성, 관계지향성은 감소한다는 것이다.

미시간 대학에서 연구한 리더십 행동은 '직무지향적 행동'(Directive Behaviour)과 '관계지향적 행동'(Supportive Behaviour)으로 구분되며, 리더십 스타일은 '지시형'(Directing), '코치형'(Coaching), '지원형'(Supporting), '위임형'(Delegating) 등 4가지로 구분된다.

4. 피들러(Fiedler)의 상황이론

1960년대 피들러에 의해 연구된 이론으로, 리더십 효과가 리더의 스타일과 리더십 상황(leadership situation)의 적합성에 달려 있다는 전제하에 'LPC(least preferred coworker)척도'를 개발하여 리더의 유형을 분류한 시도이다. LPC 척도는 과거 또는 현재의 '가장 함께 일하기 싫은 동료'를 생각하면서 동료의 등급을 매기는 것으로, 합산된 점수에 따라 리더의 특성을 '과업지향적(task motivated) 리더'와 '관계지향적(relationship motivated) 리더'로 분류한다.

5. Path-Goal 이론

1971년 오하이오 주립대 Robert House에 의해 연구된 이론으로, 리더의 역할은 부하들이 성공하도록 돕는 것이라는 가정하에 외부에 영향을 미치는 '지시적 리더십'과 '후원적 리더십', 내부의 통제를 따르는 '성과지향적 리더십'과 '참여적 리더십' 등으로 나누어진다.

6. 리더-구성원 교환관계(LMX) 이론

리더-구성원 교환관계(LMX, Leader Member Exchange)이론은 1972년 Graen, Dansereau와 Minami의 연구를 시작으로 처음 발표되었다. LMX이론은 리더와 구성원의 상호작용 과정에 대한 인식을 바탕으로 제시된 리더십 이론으로, 리더-구성원 관계가 전통적 리더십 이론에서 제시한 집단적 관계가 아닌 서로 다른 특성을 가진 개별 관계의 형태로 이루어졌음을 의미하는 개념이다.

즉, LMX이론은 한 집단의 리더는 각각의 구성원과 서로 다른 관계를 형성하고, 구성원 역시 리더와의 관계를 각각 다르게 지각함으로써, 집단내 구성원 숫자만큼 서로 다른 리더-구성원 관계가 형성되어 이런 관계형성이 개인 및 조직의 성과에 영향을 준다는 이론이다.

7. 경쟁가치 모델(Competing Values Model)

경쟁가치모델은 Quinn과 Cameron에 의해 연구된 개념으로, 조직 관리자들이 다양한 요구, 일부 모순을 만족시켜야 한다는 점을 알고 있다는 상황에서 출발한다.

연구결과는 조직간 4개의 경쟁가치[내부과정(Internal process value), 합리적 목적(Rational goal value), 인간관계(Human relations value), 개방시스템(Open system value)]를 확인하여 측정하였고, 맥락적·구조적 변수들이 체계적으로 그러한 가치들과 관련되는지 여부를 연구하였다.

연구 자료는 미 공군에서 수집되었고, 연구결과 운영단위들이 모델에 의하여 정의된 4개의 가치를 추구함을 보여주었지만, 동등하게 그것들을 강조하지는 않았다.

이러한 결과는 조직에서 작용하는 경쟁가치를 증명하였고 또한 가치들이 단위마다 다르다는 점을 제시해 주었으며, 어떤 가치유형들이 특별한 환경과 기술적 맥락에서 존재하는 것처럼 보인다. 연구결과는 또한, 가치들 가운데서 상충(trade-off)을 나타내는데 일부 가치를 강조하는 것은 다른 가치추구를 방해할 수 있다는 의미이다.

8. 현대적 리더십 접근이론

1980년대 이후 발전된 이론으로 리더와 추종자와의 관계에 초점을 맞춘 이론. 구성원에 대한 권한공유, 권한위임에 관심을 두는 '참여적 리더십(Participative Leadership)', 구성원의 인식을 리더십 효과성의 중요요소로 고려하는 '카리스마적 리더십(Charismatic Leadership)' 또는 '변혁적 리더십(Transformational Leadership)', 관리자들의 관리시간 대부분이 의사결정을 위한 회합이라는 점에 착안한 '의사결정그룹 리더십(Leadership in Decision Group)'이론 등이 있다.

9. 최근의 리더십 유형 및 이론

현대 사회의 급격한 변화와 발전으로 인하여 리더십에 새로운 접근이 요구되고 있으며, 이러한 요구에 따라 다양한 형태의 리더십이 발전되고 있다.

이러한 리더십 유형에는 '서번트 리더십'(Servant Leadership), '셀프 리더십'(Self Leadership), '슈퍼 리더십'(Super Leadership), '도덕 리더십'(Moral Leadership), '카리스마 리더십'(Charisma Leadership), '피그말리온 리더십'(Pygmalion Leadership) 등이 있다.

리더십 유형

1. 권위적 리더십(Authoritative Leadership)

리피트(Ronald Lippitt)와 화이트(Ralph K. White)가 분류한 3가지 유형의 리더십인 권위적, 민주적, 자유방임적 리더십 중 하나로서 가장 고전적인 유형이라고 할 수 있다. 지도자가 조직의 의사나 정책을 스스로 결정하고 구성원들이 일방적으로 따라오게 하는 리더십 유형이다.

권위적 리더는 공식적인 직위의 권력에 의존하고 주어진 과업의 수행에 높은 가치를 두는 반면, 구성원의 욕구나 관계는 무시한다. 구성원들은 자발적인 행동을 보이지 않고, 작업의 양에 비해 질이 낮으며 의견교환이 적어 공동체 의식이 약해진다. 권위적 리더십이 필요한 상황은 국가라는 조직이 전쟁이나 경제공황과 같은 일대 위기에 직면하게 된 상황이나, 아직 권위적 생활양식이 지배하고 있는 전통사회 등이 될 수 있다.

2. 민주적 리더십(Democratic Leadership)

지도자가 조직 구성원들을 민주적인 과정과 절차에 의해서 이끌어 나가고, 의사결정에 참여시키는 리더십 유형으로 리피트(Ronald Lippitt)와 화이트(Ralph K. White)가 분류한 리더십의 중간 형태이다.

3. 자유방임적 리더십(Laissez-faire Leadership)

지도자가 조직의 의사결정과정을 이끌지 않고 조직 구성원들에게 의사결정권한을 위임해버리는 리더십 유형이다.

리피트(Ronald Lippitt)와 화이트(Ralph K. White)가 분류한 3가지 리더십 유형 중 하나로 권위적 리더십과 정반대되는 개념이다.

4. 후원적 리더십(Supportive Leadership)

구성원을 배려 존중하며, 관심을 보이고, 문제해결을 도와주며, 육성하고, 경력개발에 도움을 주려고 노력하는 리더십이다.

리더는 구성원의 욕구에 관심을 가지고, 구성원에 친밀하게 다가가고 충분한 정보를 제공하며 구성원의 문제에 귀를 기울임으로써 구성원들로부터 신뢰와 존중을 받게 되는 리더십의 형태이다.

5. 지시적 리더십(Directive Leadership)

구성원에게 역할과 권한을 명확히 부여하고, 업무수행방법을 제시하며, 업무와 목표를 명확히 할당하여 구조화하고, 효율적인 업무추진을 강조하는 리더십이다.

효율적이고 빠른 업무추진을 위해 명확한 업무분장과 체계적인 커뮤니케이션을 강조하고, 기대 목표 Deadline 업무수행방식을 명확히 제시하며, 리더는 업무를 지속적으로 모니터링하고 확인하는 개념이다.

6. 참여적 리더십(Participative Leadership)

'임파워링 리더십'으로도 불리는 리더십으로, 의사결정과정에 구성원을 참여시키고 자율권을 부여함으로써 구성원 스스로 문제를 해결하고 업무를 주도적으로 추진하도록 독려하는 리더십 개념이다.

의사결정시에는 '구성원들과 개별 또는 그룹으로 논의', '구성원으로부터 정보획득', '권한위임', '구성원들과 공동 의사결정', '구성원들과 대안을 개발'하고 '구성원의 견해 파악' 등의 절차를 거친다.

7. 거래적 리더십(Transactional Leadership)

대표적인 현대적 리더십으로 리더에 의해 업무할당, 결과평가, 의사결정 등의 일상적인 업무수행이 이루어지고, 부하들에게는 성과에 따른 적절한 보상을 지급하는 리더십이다.

기대성과에 부합되지 않은 과오, 예외, 편차에 대해 경고하여 적극적 수정조치를 취하는 등 인간관계는 다소 무시될 수 있으며, 계약에 의한 거래관계나 반복적인 작업상황에 유리하다.

8. 변혁적 리더십(Transformational Leadership)

급변하는 환경변화 속에서 현대적 리더십으로 발전된 이론으로 구성원들에게 새로운 비젼을 제시하면서 자부심을 심어주고 존경과 신뢰를 얻어 조직의 변화를 이끌어 나가는 리더십이다.

구성원 개개인에 개별적 관심을 보여주어 구성원들이 자기 존중감과 정체성을 높여 임무수행을 효과적으로 할 수 있는 능력을 갖추도록 하며, 그로 인해 부하들로 하여금 리더를 변혁적 인물로 지각하게 만들어 준다.

9. 셀프 리더십(Self Leadership)

만츠와 심즈(Manz & Sims)에 의해 분류된 리더십으로 인간내부, 즉 자기 자신의 내면에서 리더십을 발휘하도록 하는 새로운 관점의 리더십으로 지시, 명령, 통제, 보상, 처벌 등에 의해 발휘되는 전통적인 리더십보다는 자기 스스로 성취목표를 설정하고 그 목표 달성에 대한 보상을 스스로 정한다거나, 성취목표를 이루지 못했을 경우 자아비판이나 처벌을 하는 등의 자율성이 주어지는 리더십이다.

자율과 책임이 주어질 때 사람들이 스스로 책임자가 되는 독특한 행동이 바로 셀프 리더십으로 조직 구성원의 업무에 대한 열정을 높이는데 효과적이다.

10. 슈퍼 리더십(Super Leadership)

조직의 리더에게는 구성원들의 셀프 리더십을 개발하여 셀프 리더로 만들어 주는 리더십이 요구된다. 슈퍼 리더십은 구성원 개개인으로 하여금 자기 자신을 스스로 이끌 수 있도록 해주는 리더십으로, 부하에게 자율성과 권한을 부여하여 셀프 리더로 만드는 리더십이다.

11. 서번트 리더십(Servant Leadership)

그린리프(Robert K. Greenleaf)에 의해 정립된 이론으로 '서번트'는 말 그대로 '하인'을 의미하며, 존경받는 리더가 되고자 한다면 과감히 하인이 되어야 한다는 뜻이다.

이러한 서번트 리더십은 추종자의 성장을 도우며 팀워크와 공동체를 형성하는 리더십으로, 나보다는 남을 먼저 생각하고, 부하직원이나 종업원을 '부림의 대상'이 아니라 '섬김의 대상'으로 삼는 리더십인데, 이는 다른 사람의 요구에 귀를 기울이는 하인이 결국은 모두를 이끄는 리더가 됨을 의미한다.

아울러 서번트 리더는 방향제시자, 파트너, 지원자의 세 가지 역할을 수행할 수 있어야 한다.

12. 도덕 리더십(Moral Leadership)

도덕적 추론의 원칙에 의해 행위가 안내되고 고취되도록 지시하는 리더십으로, 도덕적 행위가 어떤 조직의 통제나 도구적 수단이 아닌 '조직변화'나 '조직의 궁극적 목적이나 가치'와 연계될 때 더 큰 의의가 있다.

도덕 리더십은 리더의 개인적 자질에 기반을 둔 영향력으로, 타인에게 존경이나 동일시 대상으로 구성원에게 영향을 미치게 되는 리더십이다.

13. 카리스마 리더십(Charisma Leadership)

카리스마는 '은사(gift)'라는 뜻을 가진 그리스어로서 대중을 자발적으로 추종하게 만드는 힘을 의미한다.

카리스마 소유자는 타인을 사로잡을 수 있는 특별한 능력을 지니고 있는 자이며, 카리스마를 가진 개인은 권위의 핵심이라고 보았기 때문에 카리스마적 리더십을 비범한 사람에 대한 인식에 기반을 둔 권위형태로 기술한다.

또한, 지도자의 뛰어난 자질과 능력에 따른 믿음에서 카리스마를 느끼기 때문에 물질적인 조건에 따른 대가로 얻을 수 있는 것은 아니라고 보며, 리더에 대한 부하의 헌신 및 리더의 신념에 대한 부하의 믿음과의 관계에서 리더십이 이루어진다고 보았다. 따라서 리더의 실패는 집단 전체의 해체로 이어질 수 있고, 리더의 카리스마가 대중들에게 증명되지 않을 때, 권위는 땅에 떨어지게 될 수 있다.

카리스마적 리더는 위기 및 사회적 혼란이 큰 상황에서 등장하게 된다.

14. 피그말리온 리더십(Pygmalion Leadership)

로젠탈과 야콥슨(Rosenthal & Jacobson)은 교사의 고양된 기대가 해당 학생들의 학업성취의 향상을 유발하는 현상을 '피그말리온 효과(Pygmalion Effect)'라고 하였으며, 피그말리온 리더십은 구성원들에 대한 계속적인 격려, 지원, 강화를 의미하고 조직의 리더로 하여금 구성원들의 우수성을 이끌어 낼 수 있도록 리더십을 발휘하는데 의의가 있다.

저/ 자/ 소/ 개

이 종 구 李鍾九

- 충남 천안 출생, 수원 수성고등학교를 거쳐 육군사관학교 39기로 임관, 15사단 수색대대 소대장을 시작으로 수송부대 중대장, 대대장, 항만운영단장, 수송사령관 등 주요 지휘관을 역임했다.
- 미8군 연락장교, 한 미 연합 야전사, 한 미 연합사 등 주한미군부대 근무경력과 미 수송학교 고등군사반 교육을 통해 미군의 선진화된 군사문화를 접할 기회를 가졌고, 이를 토대로 한 미군 군사잡지와 국방일보 등에 우리 군의 미래 발전상을 제시하였다.
- 서울시립대에서 경영학 석사학위를 취득하였고, 서울대 안보최고경영자 과정, 카이스트 컨버전스 최고경영자 과정 등을 이수하였으며, 연구와 집필, 강연활동을 하고 있고, 2015년 8월부터 남서울대학교 외래교수로 활동하고 있다.
- 저술로는 석사논문 『군 운전병 교육훈련에 관한 연구』(1996년)와 합동참모대학 연구논문 『고급제대 Leader의 윤리적 결심에 관한 연구』(2003년), 미군 합동교범 번역감수 『합동군수(Joint Logistics)』 등이 있다.

흥미로운 사례를 통해서 본
앱솔류트 리더십

2016년 11월 23일 1판 1쇄 인쇄
2016년 11월 30일 1판 1쇄 발행

저 자 이 종 구
발행인 고 덕 환
조 판 플 러 스

143-853
발행처 서울특별시 광진구 아차산로 335 삼영빌딩
도서출판 三 英 社
등 록 제300-1972-1호
전 화 737-1052 · 734-8979 FAX 739-2386

정가 14,000원

ISBN 978-89-445-0423-5-03390